ISW 2

Berichte aus dem Institut für Steuerungstechnik
der Werkzeugmaschinen und Fertigungseinrichtungen
der Universität Stuttgart

Herausgegeben von Prof. Dr.-Ing. G. Stute

H. Schwegler

NC-Fräsen gekrümmter Flächen

Flächenbeschreibung, Programmierung und Fertigung

Springer-Verlag
Berlin · Heidelberg · New York 1972

Mit 36 Abbildungen

ISBN-13: 978-3-540-05835-9   e-ISBN-13: 978-3-642-80683-4
DOI: 10.1007/ 978-3-642-80683-4

Vorwort des Herausgebers

Das Institut fur Steuerungstechnik der Werkzeugmaschinen und Fertigungseinrichtungen der Universitat Stuttgart befaßt sich mit den neuen Entwicklungen der
Werkzeugmaschine und anderen Fertigungseinrichtungen, die insbesondere durch
den erhohten Anteil der Steuerungstechnik an den Gesamtanlagen gekennzeichnet
sind. Dabei stehen die numerisch gesteuerte Werkzeugmaschine in Programmierung, Steuerung, Konstruktion und Arbeitseinsatz sowie die vermehrte Verwendung des Digitalrechners in Konstruktion und Fertigung im Vordergrund des In-
teresses.

Im Rahmen dieser Buchreihe sollen in zwangloser Folge drei bis funf Berichte pro
Jahr erscheinen, in welchen über einzelne Forschungsarbeiten berichtet wird. Vor-
zugsweise kommen hierbei Forschungsergebnisse, Dissertationen, Vorlesungsmanu-
skripte und Seminarausarbeitungen zur Veröffentlichung.

Diese Berichte sollen dem in der Praxis stehenden Ingenieur zur Weiterbildung
dienen und helfen, Aufgaben auf diesem Gebiet der Steuerungstechnik zu lösen.
Der Studierende kann mit diesen Berichten sein Wissen vertiefen.

Unter dem Gesichtspunkt einer schnellen und kostengünstigen Drucklegung wird
auf besondere Ausstattung verzichtet und die Buchreihe im Fotodruck hergestellt.

Der Herausgeber dankt dem Springer-Verlag fur Hinweise zur außeren Gestaltung
und Übernahme des Buchvertriebs.

Stuttgart, im Februar 1972

Gottfried Stute

<u>Vorwort</u>

Die vorliegende Arbeit entstand während meiner Tätigkeit
als wissenschaftlicher Mitarbeiter am Institut für Steuerungstechnik der Werkzeugmaschinen und Fertigungseinrichtungen der Universität Stuttgart.

Herrn Prof. Dr.-Ing. G.Stute, dem Leiter des Instituts,
bin ich für seine wohlwollende Unterstützung zu großem
Dank verpflichtet.

Mein Dank gilt auch Herrn Prof. Dr.-Ing. K.Lange für die
eingehende Durchsicht der Arbeit und die sich daraus ergebenden Hinweise.

Ebenfalls möchte ich allen Mitarbeitern des Instituts, die
mir bei der Anfertigung der Arbeit behilflich waren, meinen
Dank aussprechen. Dieser Dank gilt besonders den Herren
cand.-el. K.-H. Böbel, Dipl.-Ing. H.Henning und Dr.-Ing.
A.Storr.

                                        Horst Schwegler

Inhaltsverzeichnis Seite

S c h r i f t t u m

[1]   DIN 8580 (ff.)   Begriffe der Fertigungsverfahren.
                              Grundlagen, Ausgabe (10, 1963).

[2]   Henning, H. u.   Bedeutung des NC-Fräsens bei der
        H.Schwegler: Fertigung komplexer Formen.
                              Steuerungstechnik 4 (1971) H.6,
                              S.171/174.

[3]   Lange, K.:   Hohlformwerkzeuge für Urform- und
                              Umformverfahren.
                              Fertigungstechnisches Kolloquium 70.
                              VDI-Bericht Nr.166 (1971), S.83/96.

[4]   Marx, H.J. u.   Automatisierung - die heutige Form
        G.Stute: der Rationalisierung im Industrie-
                              betrieb.
                              VDI-Zeitschrift 109 (1967) 27,
                              S.1259/1266.

[5]   Simon, W.:   Die numerische Steuerung von Werk-
                              zeugmaschinen.
                              Carl Hanser, München, 1971, 2.Aufl.

[6]   APT Part Programming Manual,
                              APT Dictionary.
                              IIT Research Institute, 1963.

[7]   Grupe, U.:   Untersuchungen über die rechnerunab-
                              hängige Konzeption fertigungstechni-
                              scher Programmsysteme.
                              Dissertation RWTH Aachen, 1970.

[8]   FMILL-APTLFT.
                              IIT Research Institute, 1969.

[9]   SURF1-System.
                              Deutsche Olivetti GmbH. Offenbach a.M.

[10]   From Clay ... To Tape ... To Die,
                              A Revolution Comes To Diemaking.
                              The Metalworking Weekly, 1964,
                              July 20, S.50/55.

[11]   Strubecker, K.:   Differentialgeometrie II.
                              Sammlung Göschen Bd.1179/1179a, 1968.

[12]   Coons, S.A.:   Surfaces for Computer-Aided Design
                          of Space Forms.
                          MAC-TR-41, Project MAC, MIT (1967).

[13]   Brauner, H.:   Differentialgeometrie.
                          Vorlesung im WS 1966/67, Univ.Stuttgart.

[14]   Smirnow, W.I.:   Lehrgang der höheren Mathematik,
                          Teil 2.
                          VEB Deutscher Verlag der Wissenschaf-
                          ten, Berlin, 1968.

[15]   DIN 4760   Begriffe für die Gestalt von Ober-
                          flächen. Ausgabe (6, 1960).

[16]   Springmann, K.:   Die Messung der Oberflächenrauheit
                          mit Tastschnittgeräten.
                          Dissertation TH Hannover 1967.

[17]   DIN 4761   Begriffe, Benennungen und Kurzzeichen
                          für den Oberflächencharakter,
                          Ausgabe (8, 1960).

[18]   DIN 4762 Blatt 2 Erfassung der Gestaltabweichung
                          2. bis 5.Ordnung an Oberflächen an
                          Hand von Oberflächenschnitten,
                          Ausgabe (8, 1960).

[19]   Schwegler, H.:   NC-Fräsbearbeitung gekrümmter Flächen.
                          Ind.-Anz. 93 (1970) Nr.5, S.88/89.

[20]   Goldsche, J.:   Heyligenstaedt-Handbuch für das Nach-
                          formfräsen, Sonderdruck der Schriften-
                          reihe "Heyligenstaedt-Mitteilungen"
                          (1962).

[21]   Goldsche, J.:   Zerspanende Formgebung mit elektri-
                          schen Geräten.
                          Carl Hanser Verlag, München, 1967.

[22]   Eitel, H.:   MEANDR-Bahnzerlegung in EXAPT 3.
                          Industrieanzeiger 92 (1970), Nr.88,
                          S.2095/2096.

[23]   AEG-Mitteilung 22, KDV.O.AN. 80273.

[24]   Brauner, H.:   Graphische und Numerische Methoden 1.
                          Vorlesung im SS 1963, TH Stuttgart.

[25]   Schmid, D.:   Informationsverarbeitung durch nume-
                              rische Bahnsteuerungen - Möglichkei-
                              keiten und Grenzen.
                              Steuerungstechnik 4 (1971) H.12,
                              S.428/431.

[26]   Stute, G. u.   DNC-Rechnerdirektsteuerung von Werk-
       R.Nann: zeugmaschinen.
                              Wt-Z, ind.Fertig. 61 (1971) H.2,
                              S.69/74.

[27]   Herold, H.,   Die numerische Steuerung in der Fer-
       W.Maßberg u.   tigungstechnik,
       G.Stute: VDI-Verlag, Düsseldorf, 1971.

[28]   Ruhbruck, M. u.   Sinumerik 300, dreidimensionale Bahn-
       F.Weber: steuerung mit linearer und paraboli-
                              scher Interpolation.
                              Siemens-Zeitschrift 44 (1970), S.58/62
                              Beiheft "Numerische Steuerungen".

[29]   Schmid, D.:   Interpolationsverfahren bei numeri-
                              schen Bahnsteuerungen.
                              Steuerungstechnik 2 (1969) H.9,
                              S.342/349.

[30]   Vogt, H.-J.:   Wirtschaftliches Ausfräsen von Werk-
                              zeug-Hohlformen.
                              Mitt. Forschungsgesellschaft Blech-
                              verarbeitung (1956) H.23/24, S.266/274

Zeichenerklärung

A_{max}	Maximale Entfernung
A, B, C	Koeffizient
A_{ij}, B_{ij}, C_{ij}	Komponenten des Vektors D_{ij}
a, b, c, d	Koordinatenwert
a_{ij}, b_{ij}, c_{ij}	Koeffizient
$\vec{D}_{ij}$	Vektor
E	Koeffizient der 1. Gaußschen Fundamentalform
E_M, E_T	Strecke
F	Koeffizient der 1. Gaußschen Fundamentalform, Funktion
F_0, F_1	Gewichtsfunktion
F_{rel}	äußerster relativer Fehler
F_j	Fläche
f	Funktion
G	Koeffizient der 1. Gaußschen Fundamentalform
h	Höhe des Kreisabschnittes
h'	Korrigierte Höhe des Kreisabschnittes
Δh	Differenz ($h' - h$)
h_n	Abweichung zwischen Soll- und Interpolationskurve
I	Anzahl zusätzlicher Informationen
K	Überdeckungsverhältnis
K_i, K_{iA}, K_{iB}	Randkurve einer Masche
L	Koeffizient der 2. Gaußschen Fundamentalform
l	Rauheitsbezugsstrecke
l_j	Länge einer Fräsbahn

M	Koeffizient der 2. Gaußschen Fundamentalform
M_i	Mittelpunkt der Fräserspitzenkugel
m	Anzahl der Fräsbahnen
N	Koeffizient der 2. Gaußschen Fundamentalform, Laufvariable
n_j	Anzahl der Bahnpunkte je Fräszeile
P_F	Profilfehler
P_i	Flächenpunkt
P_i'	Projektion eines Flächenpunktes in die x,y-Ebene
Q	Quotient
R_t	Rauheit
R_1	Zylinderradius
r	Fräserradius
S	Schnittpunkt
s_i, s_{M_j}, s_i	Bogen
$s_{i\,max}$	Maximaler Bogen
TP_i	Tangentialpunkt
u	Koordinate, Variable einer Funktion
u_i	Koordinatenwert
v	Koordinate, Variable einer Funktion
v_i	Koordinatenwert
V	Schnittgeschwindigkeit
w	Parameter
X, Y, Z	Koordinate, Variable einer Funktion
X', Y'	Koordinate, Bezugskoordinatensystem
x, y, z	Koordinate, Variable einer Funktion, Funktion
x_u, y_u, z_u	Funktion nach u differenziert
x_v, y_v, z_v	Funktion nach v differenziert

x_{uu}, y_{uu}, z_{uu}	Funktion zweimal nach u differenziert
x_{vv}, y_{vv}, z_{vv}	Funktion zweimal nach v differenziert
x_{uv}, y_{uv}, z_{uv}	Funktion nach u und v differenziert
ZA	Fräszeilenabstand

$\mathcal{B}$	Bereich
n_x, n_y, n_z	Richtungsvektor
$\mathfrak{a}_i$	Ortsvektor eines Kurvenpunktes
$\mathfrak{N}, \mathfrak{n}$	Flächennormale
$\mathfrak{p}_i$	Punktvektor
$\mathfrak{h}$	Vektor in Richtung der Hauptnormalen
$\mathfrak{v}$	Vektor
$\mathfrak{r}$	Ortsvektor eines Flächenpunktes
$\mathfrak{t}$	Tangente
$\mathfrak{e}$	Einsvektor
γ	Flächenkurve
γ_u	Tangente in u - Richtung
γ_v	Tangente in v - Richtung

$\alpha, \beta, \gamma, \delta$	Winkel
ε	kleiner Wert
η, η'	Koordinate
η_{m}, η_s, η_i	Koordinatenwert
θ	Winkel
ϑ	Winkel
$\varkappa$	Krümmung

λ	Verhältnis du/dv
μ	Skalar
ξ, ξ'	Koordinate
ξ_{M_i}, ξ_S, ξ_1	Koordinatenwert
π	Parameterebene
ϱ	Krümmungsradius
τ	Lösung einer Gleichung
Φ	Fläche
φ_i	Ebene Kurve
ψ	Skalar
ω	Winkelgeschwindigkeit

Abkürzungen und Symbole

GI - System	Geometrisch ideales System
$P \in M$	P ist ein Element der Menge M
max	Maximal
theor.	Theoretisch
Grenzw.	Grenzwert
DDA	Digital Differential Analyser

1. Einleitung

Die Oberflächengeometrie vieler zu fertigender Werkstücke läßt
sich mit einfachen mathematischen Methoden nur unzureichend beschreiben. Insbesondere in der Automobilindustrie sowie in der
Luft- und Raumfahrttechnik, aber auch bei vielen anderen Indu-
strieprodukten treten gekrümmte Flächen auf, die entweder durch
ästhetische Gesichtspunkte oder durch physikalische Erkenntnis-
se und experimentelle Erfahrungen bestimmt und mathematisch
schwer zu erfassen sind. Die Funktion dieser Teile verlangt
vielfach neben der Grundform noch Nebenformelemente, wie z.B.
Rippen, Stege und Augen sowie verschiedene Feingestalten der
Oberfläche: glatt, genarbt, gewellt usw.. Diese Forderungen ma-
chen die Flächen und damit ihre Fertigung noch komplexer.

Um Produkte definierter makro-geometrischer Gestalt herzustel-
len, setzt die Fertigungstechnik die Verfahren Urformen, Umformen, Trennen, Fügen, Beschichten und Ändern der Stoffeigenschaf-
ten ein [1]. Komplexe Flächen im oben beschriebenen Sinn können

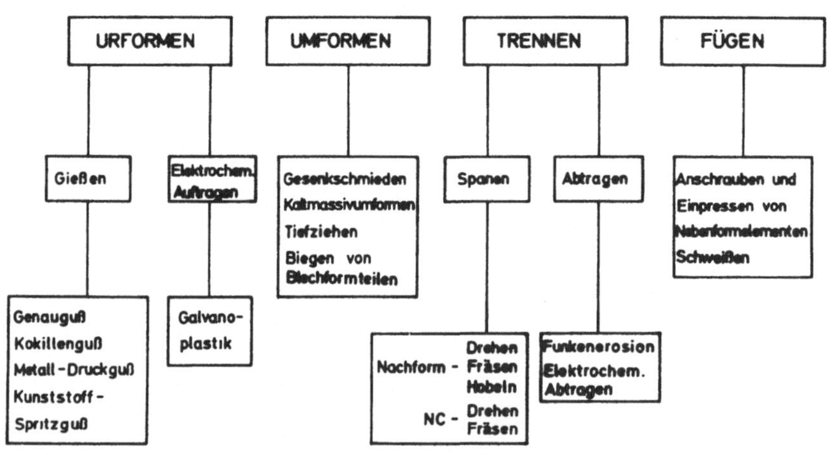

Bild 1/1: Die wichtigsten Fertigungsverfahren für Werkstücke
komplexer Form.

für den vorliegenden Anwendungsfall durch die drei letztgenann-
ten Verfahren nicht erzeugt werden; besonders geeignete Fertigungsverfahren sind in den Bereichen Urformen, Umformen und
Trennen zu suchen (Bild 1/1). Werden Werkstücke mit gekrümmten Oberflächen nur einzeln oder in kleiner Stückzahl benötigt,
so kommen zur Fertigung hauptsächlich die Trenntechniken Spanen
und Abtragen in Frage. Das Umformen und Urformen ist wegen der
erreichbaren Genauigkeit und aus wirtschaftlichen Gründen bei
mittleren und größeren Werkstücken nicht im Einsatz. Bei kleinen Werkstücken ist das Genaugießen ein durchaus billiges und
übliches Verfahren.

Die weitaus größere Anzahl von Werkstücken mit komplizierten
Formen (z.B. Karosserieteile) sind in großen Mengen herzustel-
len. Dabei finden die Urform- und Umformverfahren wirtschaftlichen Einsatz. Diese Verfahren benötigen Hohlformwerkzeuge,
deren vertiefte und erhabene Arbeitsflächen ein Abbild der kom-

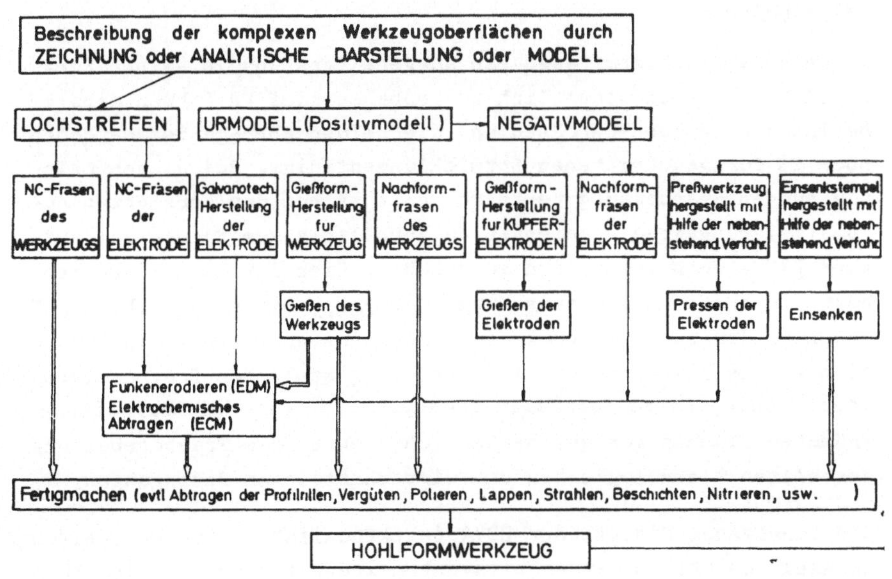

Bild 1/2: Wege zur Bearbeitung der Innenform von Hohlformwerk-
zeugen.

plexen Flächengeometrie darstellen. Hier ist das eigentliche
Problem der Massenfertigung von Werkstücken mit komplexen Flächen in Wirklichkeit ein Problem des Formen- und Werkzeugbaues
und damit wiederum der Einzel- und Kleinserienfertigung durch
Spanen oder Abtragen. In <u>Bild 1/2</u> sind in einer Übersicht die
möglichen Wege zur Innenformbearbeitung eines Hohlformwerkzeuges
angegeben [2]. Als Fertigungsverfahren kommen insbesondere das
elektrothermische und elektrochemische Senken (Abtragverfahren)
sowie das Nachform- und NC-Fräsen (Spanverfahren) in Frage.

In der Einzel- und Kleinserienfertigung von großflächigen Werk-
zeugen und Fertigungsprodukten spielt das Fräsen eine bedeuten-
de Rolle. Sei es bei der direkten Bearbeitung der Werkstückober-
flächen oder bei der Fertigung der für die abtragenden Verfahren
erforderlichen Elektroden. So wird vor allem dort, wo es sich um
verhältnismäßig gut zerspanbare Werkstoffe handelt, das Fräsen
mit seiner gegenüber dem Abtragen um den Faktor 10^2 kleineren
spezifischen Abtragarbeit (1+5 Ws/mm^3) wirtschaftlich eingesetzt [3].

Während das Nachformfräsen ein ausgereiftes und in seiner Per-
fektion kaum noch wesentlich zu verbesserndes Verfahren darstellt,
befinden sich das NC-Fräsen und die beiden abtragenden Methoden
noch im fortgeschrittenen Entwicklungsstadium. Bei diesen relativ jungen Bearbeitungsverfahren gilt es nun,den erreichten Au-
tomatisierungsgrad - gemessen am Verhältnis vom Ertrag zum Aufwand [4] - noch wesentlich zu erhöhen. Dies ist beim NC-Fräsen
heute in erster Linie eine Frage der Programmierung, d.h. der Berechnung der zur Steuerung einer Maschine erforderlichen Informationen. Die bekannten und zur Verfügung stehenden Programmiersysteme sowie einige spezielle Programme für die Fräsbearbeitung gekrümmter Flächen genügen heute nicht den an die Fräsbearbeitung
gestellten technologischen und wirtschaftlichen Bedingungen.

Der zunehmende Einsatz der EDVA (elektronische Datenverarbeitungs-
anlage), sowohl in der Arbeitsvorbereitung als auch in der Konstruktion, wirkt sich wesentlich auf die Methoden und den Ablauf
der Fertigung aus. So wird heute im Automobil- und Flugzeugbau
versucht, die Geometrie gekrümmter Flächen bereits bei ihrem Entwurf mit Hilfe der EDVA zu erfassen. Dies hat zur Folge, daß in

Zukunft die kostspieligen und platzraubenden Holz- und Kopiermodelle überflüssig werden und die Fertigung dieser Teile auf
numerisch gesteuerten Fräsmaschinen durchgeführt werden kann.

Daraus ergibt sich die Notwendigkeit, die bestehenden Program-
miermethoden bezüglich ihrer Anwendung bei der Fräsbearbeitung
derartig definierter Flächen abzugrenzen und ein neues Konzept
für die Berechnung der erforderlichen Fräsbahnen entsprechend
den heute gestellten Forderungen zu entwickeln.

In der vorliegenden Arbeit wird daher ausgehend von einer Analyse der bestehenden Programmiersysteme für die mathematische
Beschreibung gekrümmter Flächen ein Algorithmus ausgewählt, der
sowohl für die rechnerunterstützte Konstruktion (Computer Aided
Design - CAD), als auch für die Berechnung der Fräsbahnen gut
geeignet ist. Aufbauend auf dieser Flächendarstellung werden die
Bedingungen für die Berechnung des optimalen Fräsbahnverlaufes
aufgestellt.

Das Ziel der Arbeit ist es, neue Wege der Fräsbahnberechnung
aufzuzeigen, sowie die gefundenen Lösungen mittels eines zu entwickelnden Rechnerprogramms zu bestätigen.

2. Programmierung numerisch gesteuerter Fräsmaschinen

Die notwendigen Informationen zur Steuerung einer NC-Maschine
setzen sich aus den geometrischen Informationen, den Schaltin-
formationen und aus zusätzlichen Informationen, die sich nicht
eindeutig in eine der beiden Hauptgruppen einreihen lassen,
zusammen.

Bei einer 3-achsig bahngesteuerten NC-Fräsmaschine stellen die
geometrischen Informationen gewissermaßen die geometrischen Or-
te der Fräserspitze dar. Aufgabe der Programmierung ist es, diese Punkte zu bestimmen und in der richtigen Reihenfolge auf einem von der Maschinensteuerung aus erreichbaren Informationsträger abzuspeichern.

Bei Punkt- und Streckensteuerungen kann dies vom Programmierer
selbst oder mit einfachen Hilfsmitteln (z.B. Tischrechenmaschi-
nen und Programmierplätzen) durchgeführt werden. Die Programmierung bahngesteuerter Fräsmaschinen hingegen erfordert zur wirtschaftlichen Programmierung meist zwingend den Einsatz problem-
orientierter Programmiersysteme.

Ein Programmiersystem besteht dabei aus der problemorientierten
Programmiersprache und einem Rechnerprogramm. Durch das Rechner-
programm, bei der Programmierung von NC-Maschinen oft auch Ver-
arbeitungsprogramm oder Processor genannt, wird der Rechner be-
fähigt, die in der Symbolik der Programmiersprache beschriebene
Aufgabe in eine Folge von Maschinenbefehlen umzusetzen. Diese
Programme sind meist sehr umfangreich, und ihr wirtschaftlicher
Einsatz ist von der Existenz mittlerer oder großer elektronischer
Datenverarbeitungsanlagen abhängig.

2.1 Programmiersysteme

Schon bald nach der Einführung numerisch gesteuerter Werkzeugmaschinen zur Fertigung komplizierter Teile zeigte es sich, daß
die Programmerstellung von der Arbeitsvorbereitung mit den zur
Verfügung stehenden Hilfsmitteln nicht zu bewältigen war. Da
die Hauptarbeit in der Durchführung umfangreicher Rechenopera-
tionen bestand, lag der Gedanke nahe, dazu eine EDVA einzusetzen. So erhielt bereits 1955 das MIT (Massachusetts Institute
of Technology) vom US-Luftfahrtministerium den Auftrag, ein
problemorientiertes fertigungstechnisches Programmiersystem zu
entwickeln [5]. Dies war der Anstoß zur Entwicklung einer großen
Zahl von Programmiersystemen zur rechnerunterstützten Programmierung numerisch gesteuerter Fertigungseinrichtungen. Diese Art der
Programmierung wird im technischen Sprachgebrauch in etwas unkor-
rekter Ausdrucksweise sehr oft als "Maschinelle Programmierung"
bezeichnet.

Bei den entwickelten Sprachen ist zu unterscheiden zwischen solchen, die für eine spezielle Fertigungsaufgabe konzipiert wurden,
und anderen, die für eine Vielzahl von Bearbeitungsmethoden ein-
setzbar sind.

Während spezielle Programmentwicklungen oftmals auf relativ kleinen Rechenanlagen wirtschaftlich arbeiten, ist zur Anwendung um-
fassender Programmiersysteme ein Großrechner erforderlich.

2.2 Das Programmiersystem APT

Das älteste und in seinem geometrischen Konzept am weitesten
ausgebaute System ist das erwähnte und vom MIT entwickelte APT-
System (Automatically Programmed Tools)[6]. Die meisten der be-
deutenden Programmiersprachen sind entweder in ihrem Vokabular
sehr stark an APT angelehnt oder auf spezielle Fertigungsaufga-
ben beschränkt. Von den funktionsfähigen und heute in der Fertigung eingesetzten Sprachen sind daher besonders die APT-ähnlichen Sprachen, im internationalen Sprachgebrauch mit "APT Like
Languages" bezeichnet, zu erwähnen.

Flächen-Nummer	semantische Bereiche	APT	2CL	IFAPT	EXAPT1	EXAPT2	EXAPT3
1	Arithmetik, Programmschleifen und Unterprogramme Definition von Punkt, Gerade und Kreis, Positionieranweisungen; Aufruf für Vorschub, Spindeldrehzahl etc.	X	X	X	X	X	X
2	Definition von Punktmuster, Koordinatentransformation Aufruf für Drehtische und Hardwarezyklen	X	X	X	X		X
3	zusätzliche Definitionen für Punkt, Gerade und Kreis Fahranweisungen	X	X	X		X	X
4	Definition von Ellipse, Parabel, Hyperbel, tabellierte Funktion Werkzeugversatzberechnung, Taschenfräsen	X	X	X			X
5	Definition von Bohrbearbeitung mit Vorgabe von Werkzeug und Schnittwerten		X		X	X	X
6	zusätzliche Definitionen für Punkt, Gerade, Kreis und Punktmuster	X	X				X
7	Punktmusterbearbeitung mit Bohrbearbeitungsdefinitionen		X		X		X
8	Schnittwertberechnung für Bohrbearbeitungsdefinitionen				X	X	X
9	Definition von Fräsbearbeitung mit Vorgabe von Werkzeug und Schnittwerten Konturbeschreibung für Taschenfräsen		X				X
10	zusätzliche Definition für tabellierte Funktionen	X	X				
11	Bearbeitungsfolgen- und Werkzeugermittlung für Bohrbearbeitung				X		X
12	3-dimensionales Konturfräsen, 3-dimensionaler Werkzeugversatz, Mehrachsensteuerung (bis zu 5 Achsen)	X					
13	zusätzliche geometrische Definitionen		X				
14	verschiedene Schnittaufteilungsverfahren für Taschenfräsen						X
15	komplette Beschreibung von Drehteilen mehrere Schnittaufteilungsverfahren unter Berücksichtigung der vorangegangenen Bearbeitungen					X	

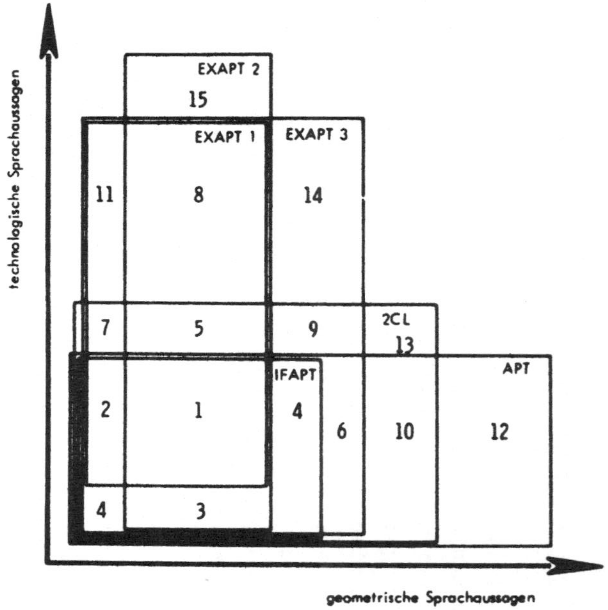

Bild 2/1: Semantische Bereiche von Sprachen der APT-Familie [7].

Dies sind:

APT, 2-CL, IFAPT und EXAPT.

Das Programmiersystem EXAPT ist dabei noch unterteilt in drei
Sprachteile:

EXAPT 1   (Bohrbearbeitung)
EXAPT 2   (Drehbearbeitung)
EXAPT 3   (Bohr- und Fräsbearbeitung),

IFAPT stellt nahezu eine komplette Untermenge von APT dar.
EXAPT 1 ist vollkommen in EXAPT 3 enthalten. Das bedeutet, daß
die Existenzberechtigung von IFAPT und EXAPT 1 im wesentlichen
in ihrem kleineren Speicherbedarf zu sehen ist. Für ein speziel-
les Teilespektrum können diese 2 Sprachen eventuell vollkommen
ausreichen. Bei komplexeren Bohr- und Fräsaufgaben hingegen müssen APT, 2-CL oder EXAPT 3 eingesetzt werden.

Obwohl viele Anwendungsbereiche mit mehreren Sprachen abgedeckt
werden können, zeigt es sich, daß jede Sprache einen "eigenen"
Bereich von Aussagemöglichkeiten hat, der allen übrigen Sprachen
fehlt. Ein Vergleich der semantischen Bereiche der Sprachen der
APT-Familie zeigt qualitativ die von den einzelnen Sprachen
überdeckten Anwendungsbereiche (Bild 2/1)[7]. Der Darstellung
kann jedoch keine quantitative Aussage entnommen werden, da sie
lediglich die im Bild 2/1 aufgestellten Anwendungsbereiche bzw.
Aussagemöglichkeiten in Relation zu den anderen Sprachen zeigt.

Die einzelnen Flächen sind mit fallender Überlappungsvielfalt
aufsteigend numeriert, wobei die Flächen 12 - 15 jeweils nur einer Sprache zugeordnet sind.

Von diesen Sprachen läßt sich besonders APT mit leichten Variationen der verfahrensmäßig frei wählbaren Modifikatoren auch für
viele andere Bearbeitungsaufgaben einsetzen. Die Programmierung
gekrümmter Flächen - hier analytisch einfach beschreibbare Flächen - findet man im semantischen Bereich der Fläche 12. Sie kann
daher, allerdings mit erheblichen Einschränkungen, nur mit APT
durchgeführt werden.

2.2.1 <u>Einschränkungen der Werkstückgeometrie und der Werkzeugbewegung bei APT</u>

Alle APT-ähnlichen Sprachen unterliegen bei Bahnsteuerungsaufgaben dem APT-Konzept der Werkzeugwegbestimmung. Man unterscheidet dabei zwischen den geometrischen Definitionen und den sogenannten Fahranweisungen.

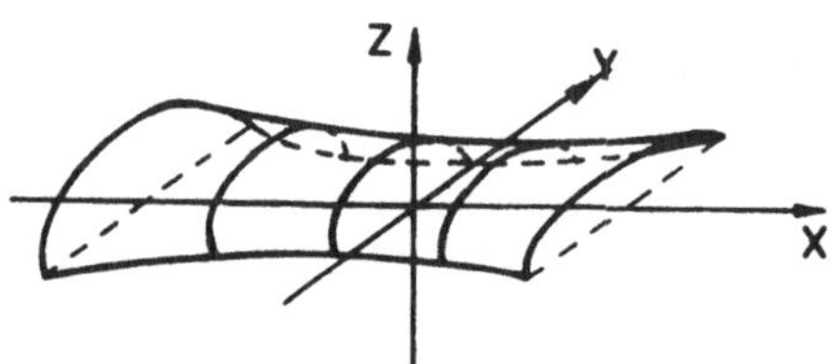

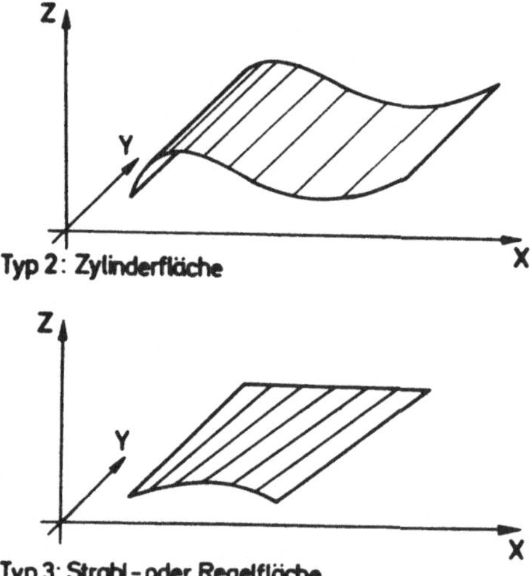

<u>Bild 2/2:</u> Programmiersprache APT - Beispiele analytisch nicht einfach beschreibbarer Flächen.

2.2.1.1 <u>Geometrische Definitionen</u>

Mittels der geometrischen Definitionen können in der APT-Spra-
che mathematisch einfach beschreibbare Elemente der analytischen Geometrie definiert, mit einem symbolischen Namen belegt
und für spätere Verwendungen abgespeichert werden. Die komple-
xesten definierbaren analytischen Flächen in APT sind Flächen
2.Ordnung, dargestellt durch die Gleichung

$$a_{11}x^2 + a_{22}y^2 + a_{33}z^2 + a_{12}xy + 2a_{23}yz + 2a_{31}zx$$

$$+ 2a_{14}x + 2a_{24}y + 2a_{34}z + a_{44} = 0$$

Außer diesen Flächen sind noch 3 spezielle, analytisch nicht
einfach beschreibbare Oberflächen zugelassen, die aber zur Beschreibung beliebig gekrümmter Flächen ebenfalls nicht ausreichen. Dies sind die in <u>Bild 2/2</u> gezeigten Flächentypen.

2.2.1.2 <u>Fahranweisungen</u>

Fahranweisungen sind Befehle zur Bewegung des Werkzeuges entlang bereits definierter Flächen. Jede Fahranweisung erfordert
die Existenz von drei Kontrollflächen. <u>Bild 2/3</u> zeigt die sche-
matische Werkzeugführung von APT mit Hilfe dieser Kontrollflächen. Die PART SURFACE (PS) ist eine der beiden Flächen, mit
der der Fräser in ständigem Kontakt während einer Bearbeitungsphase steht. Sie ist im allgemeinen die Fläche, die die Bewegung des Werkzeuges in Richtung der Werkzeugachse steuert. Die
DRIVE SURFACE (DS) ist die zweite Fläche, mit der der Fräser
während der Bearbeitungsbewegung in ständigem Kontakt ist. An
ihr wird der Fräser entlanggeführt. Die CHECK SURFACE (CS) ist
die Grenzfläche für eine gegebene Fahranweisung. Der Fräser hält
eine spezifizierte Beziehung mit der PS und DS ein, bis er einen
bestimmten Punkt auf der CS erreicht hat. Für eine weitere Fräsbahn muß eine neue Fahranweisung gegeben werden.

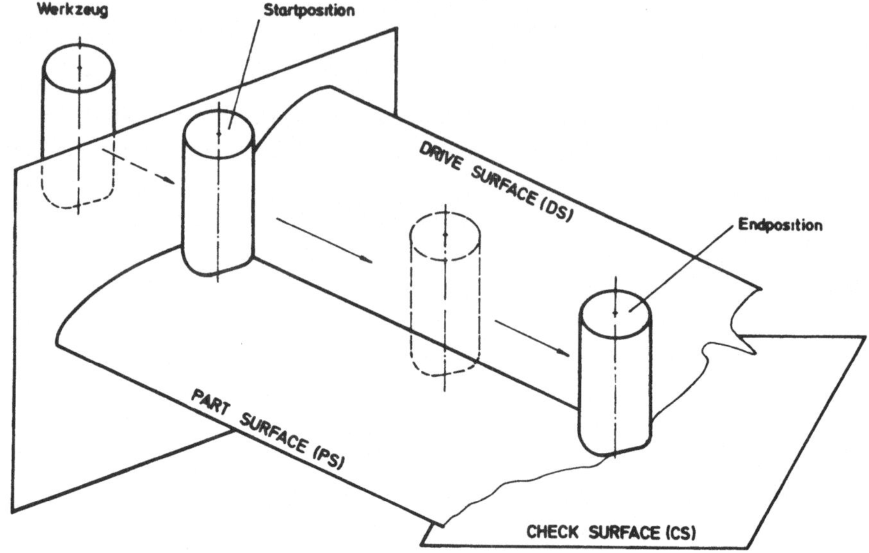

Bild 2/3: Programmiersprache APT - Bewegung des Werkzeuges entlang definierter Flächen.

Da die DRIVE SURFACE ebenfalls nur eine einfach zu beschreibende Fläche sein kann, sind der Werkzeugwegbestimmung enge Grenzen gesetzt, die den Forderungen beim Fräsen gekrümmter Flächen nicht genügen.

2.3 Sonderprogramme zur Flächenbearbeitung

Wie gezeigt, genügen die z.Z. vorhandenen Programmiersysteme nur in bescheidenem Umfang den Anforderungen zur Beschreibung beliebig gekrümmter Flächen und deren Bearbeitung nach technologischen und geometrischen Gesichtspunkten.

Die entwickelten Sonderprogramme wiederum sind alle mehr oder weniger auf bestimmte Anforderungen abgestimmt und daher in ihrem Einsatzbereich und in ihrer Effektivität beschränkt. Außerdem liegt bei allen Programmen der Berechnung der Werkzeugbah-

nen ein festes Schema zu Grunde, d.h. die Lage und der Verlauf
der Bearbeitungsbahnen ist durch die Art der Flächendarstellung
und nicht durch technologische und geometrische Gesichtspunkte
bestimmt [8][9].

Das Ziel der durchgeführten Arbeit war daher die Entwicklung
eines Programmsystems zur Bearbeitung einer Fläche nach geometrischen und technologischen Gesichtspunkten. Dies setzt jedoch voraus, daß jede beliebige Fläche in einer mathematisch
leicht zu handhabenden Form beschreibbar ist.

3. Erfassung und Beschreibung gekrümmter Flächen

Die in der Fertigungstechnik auftretenden Flächen sind entweder
mit Elementen der analytischen Geometrie zu beschreiben,
durch Funktionen mit einer oder mehreren Variablen bestimmt oder
im Versuch erprobt bzw. vom Designer entworfen (Bild 3/1). Je
nach Typ der Fläche kann dann einer der im Bild 3/1 aufgezeig-
ten Wege zur Steuerlochstreifenerstellung beschritten werden.

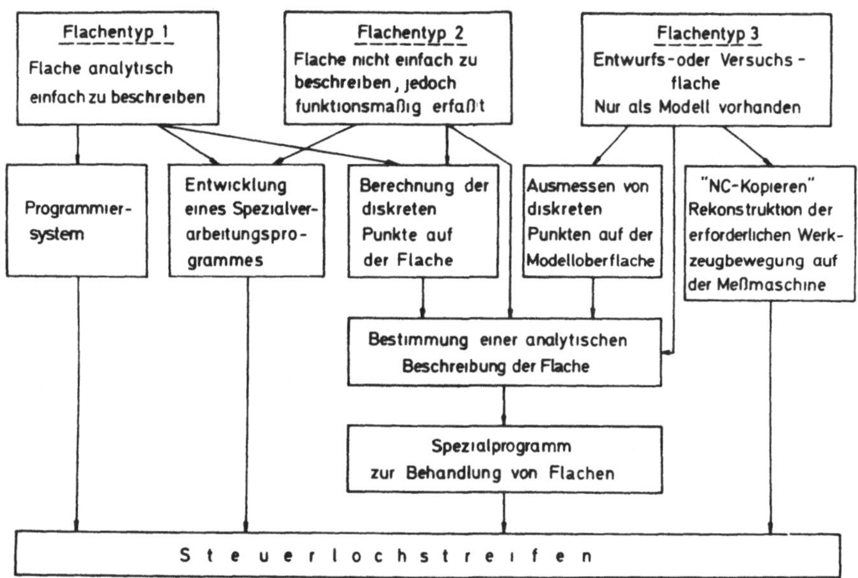

Bild 3/1: Flächen der Fertigungstechnik - Steuerlochstreifenerstellung.

Viele Flächen setzen sich jedoch aus Kombinationen dieser 3 auf-
gezeigten Flächentypen zusammen und können dadurch nicht dem einen oder anderen Verfahren zugeordnet werden. Für derartige Flächen wird dann sinnvollerweise ein Weg gesucht, der als Ergebnis eine Ersatzfunktion für die gesamte Fläche liefert.

Bei Flächen vom Typ 3 (Bild 3/1) muß bei der Entwicklung einer
mathematischen Beschreibungsform von einer Anzahl vom Modell

mittels einer Meßmaschine ausgemessener Oberflächenpunkte ausgegangen werden. Eine andere Art der Digitalisierung der Flächengeometrie kann z.B. mit Hilfe photogrammetrischer Methoden
durchgeführt werden [10] . Ausgangspunkt für ein Näherungsverfahren zur funktionsmäßigen Beschreibung der Flächengeometrie
bleibt aber auch dann eine endliche, diskrete, meist fehlerbe-
haftete Anzahl von Oberflächenpunkten. Zur weiteren Behandlung
der durch diese Punkte vorgegebenen Flächen müssen Methoden angewendet werden, die es erlauben, die zu fertigende Fläche in
analytischer Form darzustellen. Dabei ist zu berücksichtigen,
daß die zu definierende Fläche glatt (vgl.Kap.3.1.2) sein muß,
d.h. sie muß stetige erste Ableitungen haben.

Außerdem wird für alle weiteren Überlegungen vorausgesetzt, daß
die Fräsbearbeitung auf einer Maschine mit drei translatorischen
Achsen, die simultan gesteuert werden können, durchgeführt wird
(Bild 3/2). Dies bedeutet, daß nur solche Flächen definiert und

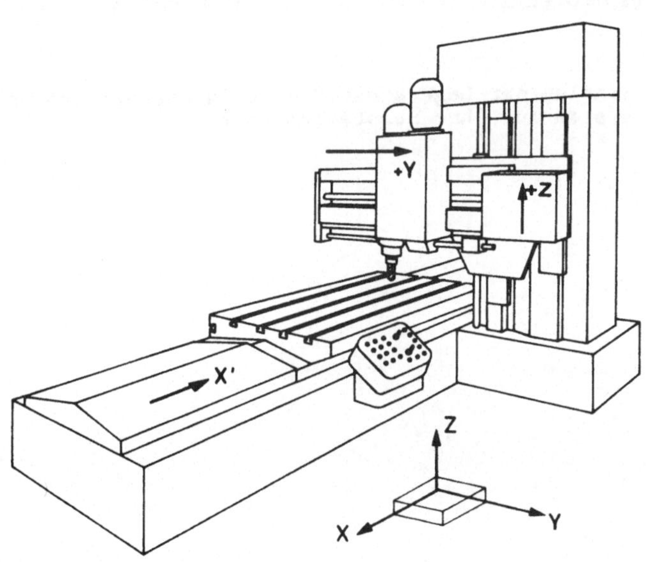

Bild 3/2: Senkrecht-Fräsmaschine.

gefertigt werden können, bei denen jedem Punkt $P_1'(x_1,y_1,0)$ in der XY-Ebene ein eindeutiger Punkt P_1 (x_1,y_1,z_1) auf der Fläche zugeordnet ist (<u>Bild 3/3</u>).

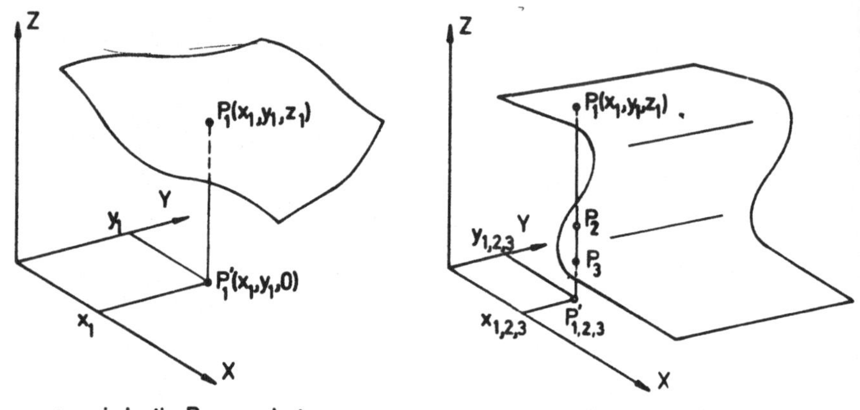

<u>Bild 3/3:</u> Einfluß der Lage einer Fläche im Maschinenkoordinatensystem auf ihre Herstellbarkeit.

3.1 Mathematische Methoden zur Beschreibung einer Fläche

Eine Fläche wird in der Mathematik im allgemeinen in einer der vier folgenden Darstellungen definiert:

1.) Implizite Form

$$F (x,y,z) = 0$$

2.) Explizite Form

$$z = f (x,y)$$

3.) Parameterform

$$x = x (u,v); \quad y = y (u,v); \quad z = z (u,v) \qquad (3,1)$$

4.) Vektorform

$$\vec{r} = \vec{r} (u,v)$$

Durch Elimination von u und v aus der Darstellung in Parameterform erhält man die implizite Form. Die explizite Form hingegen ist ein Spezialfall der Parameterdarstellung mit $x = u$ und $y = v$.

3.1.1 Krummlinige Koordinaten

In der Differentialgeometrie bedient man sich üblicherweise zur analytischen Beschreibung eines Flächenstücks ϕ im dreidimensionalen euklidischen Raum der von Carl Friedrich Gauß (1827) eingeführten Parameterdarstellung (Gl.3,1).

Läßt man in dieser Darstellung einen Parameter variieren, während der andere konstant bleibt, so erhält man Flächenkurven auf der Fläche ϕ , die nur von einem Parameter abhängig sind (Bild 3/4) Wird z.B. $v = v_0$ gesetzt und läßt man u alle beliebigen Werte annehmen ($u_1 \leqq u \leqq u_2$), so ergibt sich auf der Fläche eine Kurve $\vec{r} = \vec{r}(u,v_0)$. Gibt man umgekehrt v nacheinander alle beliebigen Werte ($v_1 \leqq v \leqq v_2$) und setzt $u = u_0$ so erhält man die Kurve

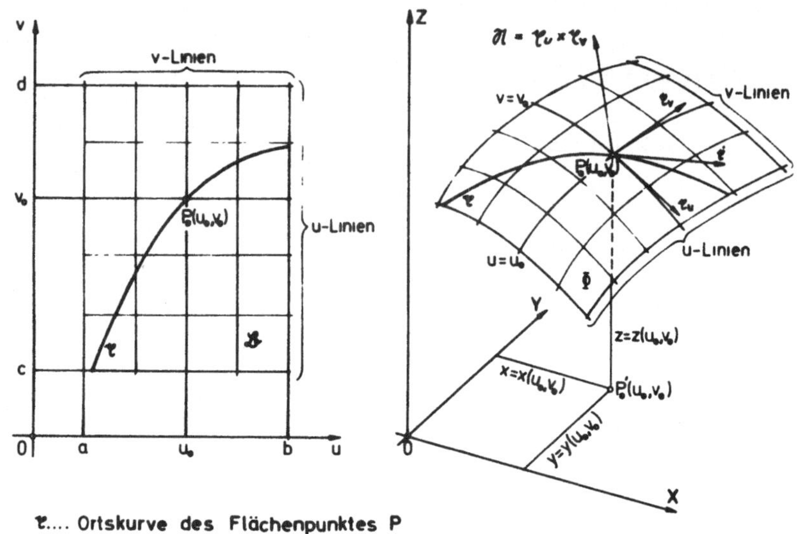

r .... Ortskurve des Flächenpunktes P

Bild 3/4: Fläche Φ mit u-Linien und v-Linien eines Gaußschen Parameternetzes mit ihrem Parameterbereich (Rechteck B) in der (u,v)-Ebene.

$\gamma = \mathfrak{r}(u_0,v)$. Werden die festen Werte $v = v_0$ und $u = u_0$ so variiert, daß $v = v_1$, $v = v_2$, ... und $u = u_1$, $u = u_2$, ..., wird, so ergibt sich ein zweidimensionales Koordinatennetz auf der Fläche Φ. . Kurven, bei denen v = const. ist und nur u sich ändert, bezeichnet man als u-Linien. Kurven, bei denen u = const. und nur v sich ändert, werden dann analog dazu als v-Linien bezeichnet.

$u = u_0$ und $v = v_0$ sind dann die "krummlinigen" oder "Gaußschen" Koordinaten des Flächenpunktes P_0.

3.1.2 Eindeutigkeit eines Flächenstücks

In Kap.3 wurde gefordert, daß die zu bearbeitende Fläche eine
"glatte" Fläche sein muß. Außerdem soll jedem Wertepaar (x,y)
im Maschinenkoordinatensystem ein eindeutiger z-Wert auf der
Fläche zugeordnet sein (Bild 3/3). In der Mathematik bezeichnet man eine derartige Fläche als "Jordanfläche" [11] und ver-
steht unter einem abgeschlossenen Jordanschen Flächenstück (oder
einer Jordanfläche ϕ) das umkehrbar eindeutige und stetige
Abbild eines abgeschlossenen ebenen Bereichs $\mathcal{B}$, der stets als
einfach zusammenhängend vorausgesetzt wird (Bild 3/4).

Der Begriff der Jordanfläche wird in [11] für die Zwecke der
Differentialgeometrie noch weiter eingeschränkt: Um die Methoden der Differentialgeometrie auf Jordanflächen anwenden zu können, muß man in dem Bereich $\mathcal{B}$ (u,v) stetige Differenzierbarkeit
der Funktionen (Gl.3,1) voraussetzen, d.h., man muß die Existenz
und Stetigkeit der folgenden sechs partiellen Ableitungen ver-
langen:

$$x_u(u,v) \quad ; \quad y_u(u,v) \quad ; \quad z_u(u,v)$$

$$x_v(u,v) \quad ; \quad y_v(u,v) \quad ; \quad z_v(u,v)$$

Ein solches Jordansches Flächenstück ϕ , dessen Gaußsche Para-
meterfunktionen in $\mathcal{B}$ (u,v) einmal stetig differenzierbar sind,
heißt ein einmal stetig differenzierbares oder "glattes" Flächenstück. Sind die Funktionen gemäß Gl.3,1 zweimal stetig ab-
leitbar, so spricht man von einem "stetig gekrümmten" Flächenstück.

3.2 Näherungsweise Darstellung von Flächen unter Verwendung einer EDVA

In der Luftfahrtindustrie wird schon seit etwa 10 Jahren versucht, den Digitalrechner für die Anfertigung der recht umfangreichen Strakzeichnungen einzusetzen. Jüngere Entwicklungen haben

zur Verbesserung dieser Systeme sowie zu ihrer Erweiterung bezüglich der Konstruktion von Oberflächen geführt. Entscheidend für einen wirtschaftlichen Einsatz dieser Programme ist jedoch eine einfache, im Rechner leicht zu variierende und genügend genaue Darstellungsmethode zur Beschreibung von Oberflächen.

Ein recht einfach zu handhabendes und für den Entwurf von Oberflächen mit Hilfe einer EDVA recht gut geeignetes Verfahren stellt die von Coons [12] entwickelte Flächenbeschreibung dar. Sie ermöglicht mit einem Minimum an genauen Eingabedaten die Erzeugung und Variation äußerst komplexer Flächen. Obwohl noch andere Methoden zur Flächenbeschreibung möglich und auch entwickelt worden sind, ist heute die Coonssche Darstellung als die universellste Methode für die rechnergestützte Flächenkonstruktion sowie zur nachträglichen Erfassung modellierter Flächen anzusehen. Die mathematische Handhabung dieser Darstellungsmethode unter besonderer Berücksichtigung der Belange der Berechnung der Steuerdaten für numerisch gesteuerte Werkzeugmaschinen soll im folgenden kurz betrachtet werden.

3.2.1 Die Coonssche Flächendarstellung

Der Coonssche Algorithmus zur Flächenbeschreibung geht von folgenden Fakten aus:

Glatte Flächen können mit einem Minimum an Kurven so definiert werden, daß angrenzende Flächen in Lage, Steigung und Krümmung sowie in jeder gewünschten Ableitung übereinstimmen.

Die die Fläche definierenden Kurven können beliebiger Art sein.

Gekrümmte Flächen werden durch das Zusammenfügen von sogenannten "Maschen" gebildet. Jede dieser Maschen ist durch 4 Randkurven definiert, wobei es möglich sein kann, daß eine Kurve zu einem Punkt degeneriert ist. Das Maschennetz ist so aufgebaut, daß zwei nebeneinanderliegende Maschen eine gemeinsame Randkurve besitzen.

3.2.1.1 Aufbau einer Masche

Wählt man zur Flächenbeschreibung Gaußsche Koordinaten, so läßt sich jeder Flächenpunkt in Abhängigkeit von den beiden Parametern u und v berechnen (vgl.Kap.3.1.1).

Wird aus dem beschriebenen zweidimensionalen Koordinatennetz auf der Fläche Φ ein Flächenstück ausgewählt, dessen Begrenzungskurven u- und v-Linien sind, so läßt sich diese Teilfläche durch den Verlauf der vier Randkurven (Bild 3/5) $K_1(u, v = v_0)$, $K_2(u = u_1, v)$, $K_3(u, v = v_1)$ und $K_4(u = u_0, v)$ beschreiben.

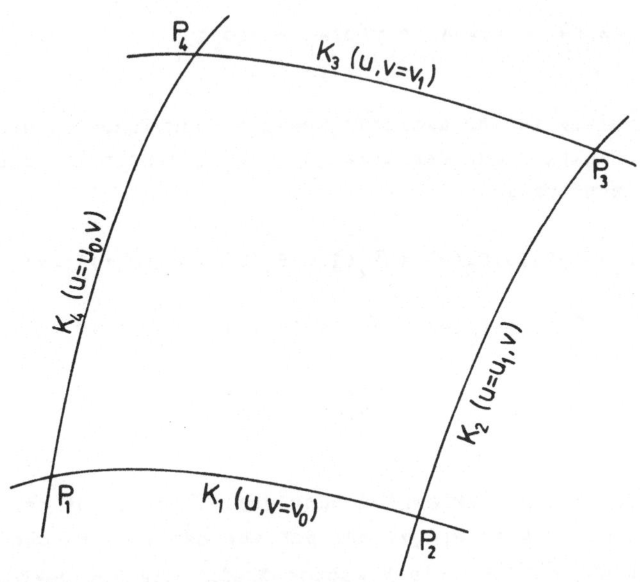

Bild 3/5: Aufbau einer Masche.

Normiert man die Parameter u und v derart, daß sie für jede Masche nur Werte zwischen 0 und 1 annehmen, so stellt sich eine Masche als eine durch die vier Randkurven

$$K_1 = K_1(u,0) \qquad ; \qquad 0 \leqq u \leqq 1$$

$$K_2 = K_2(1,v) \qquad ; \qquad 0 \leqq v \leqq 1$$

$$K_3 = K_3(u,1) \qquad ; \qquad 0 \leqq u \leqq 1$$

$$K_4 = K_4(0,v) \qquad ; \qquad 0 \leqq v \leqq 1$$

bestimmte Fläche dar. Da jede Kurve nur noch von einem Parameter abhängig ist, ergibt sich für jede Randkurve eine Darstellung in Vektorform der Art

$$\mathfrak{K}_i = \mathfrak{K}_i(w) = x(w)\mathfrak{n}_x + y(w)\mathfrak{n}_y + z(w)\mathfrak{n}_z$$

Unter Einbezug zweier skalarer Gewichtsfunktionen F_0 und F_1, jede als Funktion der Variablen u oder v, erhält man die Coonssche Flächenformel:

$$\mathfrak{r}(u,v) = \mathfrak{K}_1(u,0)F_0(v) + \mathfrak{K}_2(1,v)F_1(u) + \mathfrak{K}_3(u,1)F_1(v)$$

$$+ \mathfrak{K}_4(0,v)F_0(u) - \mathfrak{r}_1 F_0(u)F_0(v) - \mathfrak{r}_2 F_0(v)F_1(u) \qquad (3,2)$$

$$- \mathfrak{r}_3 F_1(u)F_1(v) - \mathfrak{r}_4 F_0(u)F_1(v)$$

Gl.3,2 stellt eine Vektorgleichung dar. $\mathfrak{r}(u,v)$ ist der Ortsvektor eines Punktes P(u,v) auf der von den vier Randkurven eingeschlossenen Fläche. Die Vektoren $\mathfrak{r}_i$ sind die Ortsvektoren der vier Mascheneckpunkte.

F_0 und F_1 müssen monoton und stetig im Intervall 0 - 1 sein. Außerdem sei

$$F_0(0) = 1 \qquad ; \qquad F_0(1) = 0$$

$$F_1(1) = 1 \qquad ; \qquad F_1(0) = 0$$

3.2.1.2 Stetigkeit beim Maschenübergang

Da sich eine Fläche normalerweise aus mehreren Maschen zusammensetzt und die Gesamtfläche eine glatte Fläche $\Phi(u,v) \in C^1$ sein soll (Schreibweise: $f(w) \in C^n$, wenn für ein geeignetes Intervall von w die Funktion $f(w)$ n-mal stetig differenzierbar ist (C^0: nur $f(w)$ ist stetig) [13]), ergibt sich die Forderung nach Stetigkeit im Anstieg auf den Maschenrändern.

Betrachtet man dazu zwei nebeneinander liegende Maschen A und B (Bild 3/6) mit $K_{2A}(1,v) = K_{4B}(0,v)$, so ist die Fläche über den gemeinsamen Rand hinweg stetig.

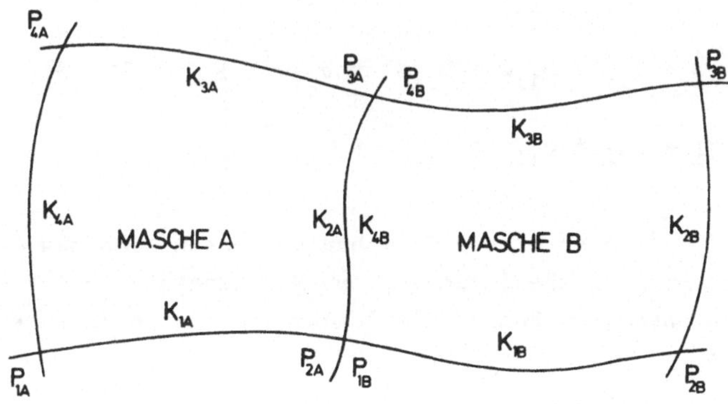

Bild 3/6: Stetigkeit beim Übergang von Masche A nach Masche B.

Für die differenzengeometrische Betrachtung der beschriebenen Fläche ist es jedoch erforderlich, daß $\Phi = \Phi(u,v) \in C^2$ ist, d.h. Stetigkeit in der Fläche auch in der zweiten Ableitung vorhanden ist.

Der Maschenübergang muß mindestens in der ersten Ableitung stetig sein. Aus dieser Bedingung lassen sich die Gewichtsfunk-

- 36 -

tionen F_0 und F_1 zu

$$F_0(w) \;=\; 1 - 3w^2 + 2w^3 \qquad\qquad\qquad (3,3)$$

und

$$F_1(w) \;=\; 3w^2 - 2w^3 \left. \right\} \quad 0 \leqq w \leqq 1 \qquad (3,4)$$

ermitteln.

3.2.1.3 Der Maschenrand

Die Randkurven sind zweifach gekrümmte Raumkurven. Ihre Parameterdarstellung lautet:

$$\left.
\begin{aligned}
x_i &= a_{0i} + a_{1i}w + a_{2i}w^2 + a_{3i}w^3 \\[1ex]
y_i &= b_{0i} + b_{1i}w + b_{2i}w^2 + b_{3i}w^3 \\[1ex]
z_i &= c_{0i} + c_{1i}w + c_{2i}w^2 + c_{3i}w^3
\end{aligned}
\right\} \quad 0 \leqq w \leqq 1 \qquad (3,5)$$

Die Koeffizienten dieser Gleichungen lassen sich aus den sogenannten Eckpunktsbedingungen, den Koordinaten der Eckpunkte und den Tangentenvektoren an die Randkurven in diesen Punkten, bestimmen.

3.2.1.4 Berechnung der Maschenkoeffizienten

Setzt man die Gleichungen für $\mathcal{R}_1$, $\mathcal{R}_2$, $\mathcal{R}_3$ und $\mathcal{R}_4$ sowie die Gleichungen der Gewichtsfunktionen, Gl.3,3 und 3,4, in die Oberflächengleichung (Gl.3,2) ein, wobei der Parameter w je nach dem Argument der Oberflächengleichung zu ersetzen ist, so entsteht:

$$\vec{r}(u,v) \;=\; \sum_{\substack{i=0 \\ j=0}}^{3} \vec{D}_{ij} \cdot u^i \cdot v^j \qquad\qquad (3,6)$$

Die Komponenten A_{ij}, B_{ij} und C_{ij} des Vektors $\vec{D}_{ij}$ beschreiben die Fläche innerhalb der Maschenränder vollständig.

3.3 Grundformen der Flächentheorie

Wie vorausgehend gezeigt, beschreibt die Coonssche Flächenformel ein Flächenstück im krummlinigen Koordinatensystem (u,v). Der zulässige Parameterbereich für die Koordinaten u und v liegt zwischen O und 1. Damit ist es möglich, die Coonssche Fläche als Vektorfunktion $\vec{r} = \vec{r}(u,v)$ oder in Parameterdarstellung nach Gl.3,1 zu behandeln. Im folgenden werden daher kurz die wichtigsten Grundformen der Flächentheorie, sofern sie im weiteren Verlauf der Arbeit erforderlich sind, entwickelt bzw.zusammengestellt [14].

3.3.1 Bogenelement einer Flächenkurve

Eine Flächenkurve auf einer Fläche $\phi(u,v)$ wird festgelegt durch u = u(w) und v = v(w). Für ein Bogenelement der Flächenkurve $\vec{r}(u,v)$ gilt dann:

$$ds = |\dot{\vec{r}}|dw$$

$$ds^2 = (\vec{r}_u^{\,2}\cdot\dot{u}^2 + 2\vec{r}_u\cdot\vec{r}_v\cdot\dot{u}\cdot\dot{v} + \vec{r}_v^{\,2}\cdot\dot{v}^2) \, dw^2 \qquad (3,7)$$

Mit

$$E = \vec{r}_u^{\,2} = \left(\frac{\partial x}{\partial u}\right)^2 + \left(\frac{\partial y}{\partial u}\right)^2 + \left(\frac{\partial z}{\partial u}\right)^2$$

$$F = \vec{r}_u\,\vec{r}_v = \frac{\partial x}{\partial u}\frac{\partial x}{\partial v} + \frac{\partial y}{\partial u}\frac{\partial y}{\partial v} + \frac{\partial z}{\partial u}\frac{\partial z}{\partial v}$$

$$G = \vec{r}_v^{\,2} = \left(\frac{\partial x}{\partial v}\right)^2 + \left(\frac{\partial y}{\partial v}\right)^2 + \left(\frac{\partial z}{\partial v}\right)^2$$

und

$$du = \dot{u}\cdot dw \qquad bzw. \qquad dv = \dot{v}\cdot dw$$

erhält man aus Gl. 3,7 die erste "Gaußsche" oder "quadratische" Fundamentalform

$$ds^2 = E \cdot du^2 + 2 \cdot F \cdot dudv + G \cdot dv^2$$

3.3.2 <u>Tangentenvektor einer Flächenkurve</u>

In einem festen Punkt $P_0(u_0, v_0)$ auf der Fläche $\vec{r}(u,v)$ ist der Tangentenvektor an die Flächenkurve $\vec{r}(u,v)$ eine Linearkombination der Vektoren $\vec{r}_u$ und $\vec{r}_v$ (Bild 3/4). $\vec{r}_u$ und $\vec{r}_v$ spannen die Tangentialebene in $P_0(u_0, v_0)$ auf. Daraus läßt sich ableiten, daß alle Flächenkurven durch einen Flächenpunkt $P_0(u_0, v_0)$ Tangenten besitzen, die in der Tangentialebene liegen.

Für den Tangentenvektor $\dot{\vec{r}}$ gilt:

$$\dot{\vec{r}} = \vec{r}_u \cdot \dot{u} + \vec{r}_v \cdot \dot{v} \tag{3,8}$$

3.3.3 <u>Die Flächennormale</u>

Für die Normale der Tangentialebene und damit für die Flächennormale bzw. für den "Normalenvektor" in einem Punkt P ergibt sich der Einsvektor zu

$$\vec{n} = \frac{\vec{r}_u \times \vec{r}_v}{|\vec{r}_u \times \vec{r}_v|} \tag{3,9}$$

oder

$$\vec{n} = \frac{\vec{r}_u \times \vec{r}_v}{\sqrt{EG - F^2}} \tag{3,10}$$

Die Richtung der Normalen ist von der Reihenfolge der Faktoren im Vektorprodukt abhängig. Sie muß so gewählt werden, daß sie auf die werkstofffreie Seite der Fläche gerichtet ist.

3.3.4 Krümmung von Flächenkurven

Die Untersuchung der Krümmung von Flächenkurven läßt sich auf
die Untersuchung der Krümmung der Normalschnitte in dem gegebenen Flächenpunkt zurückführen (Satz von Meusnier) [14]. Diese Aussage führt zur Gleichung

$$\frac{1}{\varrho} = \frac{L du^2 + 2M du dv + N dv^2}{E du^2 + 2F du dv + G dv^2} \qquad (3,11)$$

ϱ ist der Krümmungsradius des Normalschnitts und wird dann mit
dem negativen Vorzeichen belegt, wenn die Flächennormale und die
Hauptnormale in einem Kurvenpunkt gleichgerichtet sind; L,M und N
sind die Koeffizienten der zweiten "Gaußschen" oder "quadratischen
Fundamentalform und stellen folgende Ausdrücke dar:

$$L = \frac{\mathfrak{r}_{uu} (\mathfrak{r}_u \times \mathfrak{r}_v)}{\sqrt{EG - F^2}}$$

$$M = \frac{\mathfrak{r}_{uv} (\mathfrak{r}_u \times \mathfrak{r}_v)}{\sqrt{EG - F^2}}$$

$$N = \frac{\mathfrak{r}_{vv} (\mathfrak{r}_u \times \mathfrak{r}_v)}{\sqrt{EG - F^2}}$$

3.3.5 Hauptkrümmungsradien und Hauptkrümmungsrichtungen

<u>Satz:</u> In jedem Flächenpunkt existieren zwei zueinander senkrech-
te Richtungen in der Tangentialebene, für die die Krümmung $\frac{1}{\varrho}$ ein
Maximum bzw. ein Minimum erreicht; sind $\frac{1}{\varrho_1}$ und $\frac{1}{\varrho_2}$ die diesen Richtungen entsprechenden Werte der Krümmung, so wird die Krümmung
eines beliebigen Normalschnittes durch Gleichung 3,12 dargestellt, wo θ derjenige Winkel ist, der von der Tangente an den

betrachteten Normalschnitt und der Richtung gebildet wird, welche die Krümmung $\frac{1}{\rho_1}$ liefert [14] :

$$\frac{1}{\rho} = \frac{\cos^2 \Theta}{\rho_1} + \frac{\sin^2 \Theta}{\rho_2} \qquad (3,12)$$

Die Krümmungsradien ρ_1 und ρ_2 heißen Hauptkrümmungsradien der Normalschnitte in dem betrachteten Punkt. Die entsprechenden beiden Richtungen in der Tangentialebene heißen Hauptkrümmungsrichtungen.

Die beiden Krümmungen $\frac{1}{\rho_1}$ und $\frac{1}{\rho_2}$ bestimmt man aus der quadratischen Gleichung

$$(EF-F^2)\, \frac{1}{\rho^2} + (2FM-EN-GL)\, \frac{1}{\rho} + LN + M^2 = 0 \qquad (3,13)$$

Die zugehörigen Hauptkrümmungsrichtungen bestimmt man aus der Gleichung

$$(EM-FL)du^2 + (EN-GL)\, dudv + (FN-GM)dv^2 = 0 \qquad (3,14)$$

In Matrizenschreibweise ergibt sich mit $\lambda = \frac{du}{dv}$

$$\begin{vmatrix} 1 & -\lambda & \lambda^2 \\ E & F & G \\ L & M & N \end{vmatrix} = 0$$

Die Wurzeln der Gl, 3,14 liefern die Werte, welche die Hauptkrümmungsrichtungen in jedem Flächenpunkt charakterisieren in der Form

$$\lambda_1 = \lambda_1(u,v) \qquad \text{und} \qquad \lambda_2 = \lambda_2(u,v)$$

3.3.6 <u>Krümmungslinien</u>

Eine Flächenkurve, die in jedem ihrer Punkte eine der Hauptkrümmungsrichtungen berührt, heißt Krümmungslinie der Fläche. Da es
in jedem Flächenpunkt zwei Hauptkrümmungsrichtungen gibt, erhält
man zwei Scharen von Krümmungslinien auf der Fläche, und diese
Scharen sind zueinander orthogonal.

Die Gesamtheit aller Krümmungslinien liefert ein orthogonales
Netz auf der Fläche. Gl. 3,14 stellt die Differentialgleichung
der Krümmungslinie dar.

3.3.7 <u>Klassifizierung der Flächenpunkte</u>

Die Punkte einer Fläche lassen sich nach folgenden, für die weiteren Berechnungen wichtigen Kriterien klassifizieren [14][13] :

Für $L = M = N = 0$ in einem Punkt P einer Flächenkurve ist jede
Tangente Schmiegtangente. Ein solcher Punkt heißt "Flachpunkt".

Für $LN - M^2 > 0$ in einem Punkt P einer Flächenkurve haben ϱ_1 und
ϱ_2 das gleiche Vorzeichen. Ein solcher Punkt heißt "elliptischer
Flächenpunkt".

Für $L : M : N = E : F : G$ in einem Punkt P einer Fläche ist ϱ
unabhängig von der Richtung λ , d.h. ϱ stimmt für alle Richtungen
überein. Ein solcher Punkt heißt "Kreis- oder Nabelpunkt".

Für $LN - M^2 < 0$ in einem Punkt P einer Fläche haben ϱ_1 und ϱ_2
entgegengesetzte Vorzeichen. Ein solcher Punkt heißt "hyper-
bolischer Flächenpunkt".

Mit Hilfe der Koeffizienten der Gaußschen Fundamentalform können
also im Programm sehr schnell und einfach "Informationen" über
den Verlauf und die Art der Flächenkrümmung gewonnen werden. So
stellt z.B. ein "Kreis- oder Nabelpunkt" ein Programm zur Inte-
gration der Hauptkrümmungslinien vor eine nur sehr schwer zu

lösende Aufgabe, da es in einem solchen Punkt keine ausgezeich-
nete Krümmung gibt. Fällt eine vorausgehende Abfrage bezüglich
"Kreis- oder Nabelpunkt" positiv aus, so können im Programm hingegen Schritte eingeleitet werden, die in dieser Situation ein
Versagen des Integrationsalgorithmus verhindern.

4. Oberflächenstruktur gefräster Flächen

Mit dem Begriff Oberfläche wird in der Technik die Begrenzung
eines festen Körpers gegenüber dem umgebenden Raum bezeichnet [15] . Die Struktur dieser Fläche ist im allgemeinen mit einem strukturlosen Gebirge zu vergleichen, also mit einem schwer
zu beschreibenden dreidimensionalen Gebilde. Die Lage verschiedener diskreter Oberflächenpunkte zu einander ist dabei rein
zufällig und mathematisch nicht erfaßbar.

Neben solchen Flächen, deren ungleichmäßiger Verlauf nicht näher zu beschreiben ist, gibt es Flächen, die so etwas wie eine
Struktur besitzen, d.h. die Unebenheit oder Ungleichmäßigkeit
ist in einer bevorzugten Richtung klein und vernachlässigbar,
während sie in der dazu senkrechten Richtung groß ist und sehr
ungleichmäßig verläuft.

Schließlich kann die Rauheit in einer bevorzugten Richtung klein
und vernachlässigbar sein während sie in der dazu senkrechten
Richtung groß ist und eine gewisse Periodizität der Unebenheit
aufweist. Normalerweise wird dabei den Flächen mit unregelmäßi-
ger oder periodischer Struktur eine strukturlose narbige Fläche
überlagert sein. Trotzdem kann der hauptsächliche Charakter einer Fläche in den meisten Fällen mit Hilfe einer der drei auf-
gezeigten Oberflächenstrukturen beschrieben werden.

Da die Abweichungen der erzeugten Flächen von den geometrisch-
idealen Flächen sehr schwer zu erfassen sind, geht man dazu
über, die erzeugte Fläche hinsichtlich ihrer Gestaltabweichung
durch Oberflächenschnitte zu charakterisieren. Man reduziert
dabei das dreidimensionale Problem auf ein zweidimensionales
und hat damit eine einfacher zu behandelnde Problemstellung.

4.1 Gestaltabweichung technischer Oberflächen

Unter der Gestaltabweichung einer Oberfläche ist die Gesamtheit
aller Abweichungen der Istoberfläche von der geometrisch-idealen
Oberfläche zu verstehen. Man unterscheidet dabei zwischen grö-
beren und feineren Abweichungen. Zur genauen Unterscheidung sind
die Gestaltabweichungen nach [15] in sechs Ordnungen unterteilt
(Bild 4/1). Die dort getroffene Unterteilung in Formabweichung,
Welligkeit und Rauheit ist jedoch sehr unklar. So wird z.B. die
Welligkeit als "regelmäßig oder unregelmäßig wiederkehrende Abweichung" beschrieben, deren Abstände ein "beträchtliches Vielfaches" ihrer Tiefe betragen. Demgegenüber wird die Rauheit beschrieben als "regelmäßig oder unregelmäßig wiederkehrende Abweichung", deren Abstände nur ein "geringes Vielfaches" ihrer
Tiefe betragen. Eine Begriffsbestimmung für die Bezeichnung
"beträchtlich" und "gering" wird jedoch nicht gegeben.

Gestaltabweichung als Profilschnitt überhöht dargestellt	Beispiele für die Art der Abweichung	Beispiele für die Entstehungsursache
1. Ordnung: Formabweichungen	Unebenheit Unrundheit	Fehler in den Führungen der Werkzeugmaschine, Durchbiegung der Maschine oder des Werkstückes, falsche Einspannung des Werkstückes, Härteverzug, Verschleiß
2. Ordnung: Welligkeit	Wellen	Außermittige Einspannung oder Formfehler eines Fräsers, Schwingungen der Werkzeugmaschine oder des Werkzeuges
3. Ordnung:	Rillen	Form der Werkzeugschneide, Vorschub oder Zustellung des Werkzeuges
4. Ordnung:	Rauheit: Riefen Schuppen Kuppen	Vorgang der Spanbildung (Reißspan, Scherspan, Aufbauschneide), Werkstoffverformung beim Sandstrahlen, Knospenbildung bei galvanischer Behandlung
5. Ordnung: nicht mehr in einfacher Weise bildlich darstellbar	Gefügestruktur	Kristallisationsvorgänge, Veränderung der Oberfläche durch chemische Einwirkung (z. B. Beizen), Korrosionsvorgänge
6. Ordnung: nicht mehr in einfacher Weise bildlich darstellbar	Gitteraufbau des Werkstoffes	Physikalische und chemische Vorgänge im Aufbau der Materie, Spannungen und Gleitungen im Kristallgitter
Überlagerung der Gestaltabweichungen 1. bis 4. Ordnung		

Bild 4/1: Beispiele für Gestaltabweichungen.

Die bei der Fräsbearbeitung gekrümmter Flächen auftretende Gestaltabweichung ist entweder bei der Welligkeit oder der Rauheit, also Gestaltabweichung zweiter oder dritter Ordnung, einzureihen. [15] empfiehlt zur Beurteilung der Abweichungen zweiter bis fünfter Ordnung einen Ausschnitt der fraglichen Fläche zu vergrößern und zu betrachten. Die ganzen Empfehlungen von [15] können jedoch nicht darüber hinweghelfen, daß die Beschreibung der Oberflächenrauheit und damit die Ermittlung der Gestaltabweichung von technischen Flächen bis heute noch nicht eindeutig gelöst ist. Denn es gibt weder genormte Rauheitsmaße, die nicht umstritten sind, noch Rauheitsmessgeräte, mit denen die Rauheit normgerecht ermittelt werden kann [16] .

4.2 Oberflächencharakter gefräster Flächen

Bei spanender Bearbeitung einer Fläche ist die Form der entstehenden Rauheit durch das Verfahren und das eingesetzte Werkzeug gekennzeichnet (Makrostruktur). Eine Fräsbearbeitung mit einem zylindrischen Gesenkfräser mit runder Stirn erzeugt eine geordnet rillige Oberfläche. Als Rille sei dabei die sich zwangsläufig ergebende Spur des Werkzeuges auf der Oberfläche bezeichnet. Der Rillenverlauf ist gekennzeichnet durch den zurückgelegten Weg des Fräswerkzeuges. Als Rillenprofil entstehen gleichmäßige oder ungleichmäßige spitzförmige Rillen. Der Rillenverlauf wird nahezu parallel sein. Die Gesamtheit der Rillen sei die Rillenschar. Der entstehenden Makrostruktur ist eine von der Form der Spanbildung abhängige Mikrostruktur überlagert.

4.3 Erfassung der theoretischen Gestaltabweichung gefräster Flächen

Eine durch Fräsbearbeitung gefertigte Oberfläche müßte, um genau erfaßt zu werden, als Ganzes, d.h. unter Einbezug der Formabweichung, betrachtet werden. Bei den meisten in der betrieblichen Oberflächenmeßtechnik angewandten Verfahren wird jedoch im all-

gemeinen die Gestaltabweichung zweiter und höherer Ordnung an
Oberflächenschnitten betrachtet und gemessen. Zur Bewertung gefräster Flächen wird ausgehend von der theoretisch-idealen Fläche die Gestaltabweichung im Normalschnitt senkrecht zum Fräs-
rillenverlauf ermittelt (Normalprofilschnitt). Dabei wird jedoch nur die durch die verschiedenen Geometrien von Fläche und
Fräswerkzeug sowie durch das Nebeneinanderlegen mehrerer Fräszeilen verursachte Gestaltabweichung ermittelt (Makrogeometrie).

a) GI-System nach [22]

b) Idealisiertes GI-System

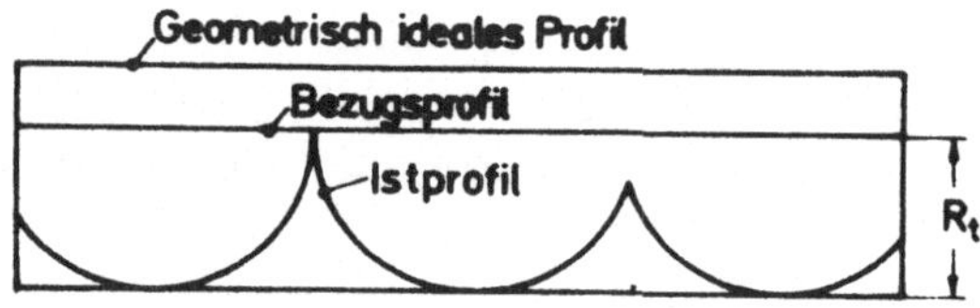

c) Normalprofilschnitt einer gekrümmten Fläche

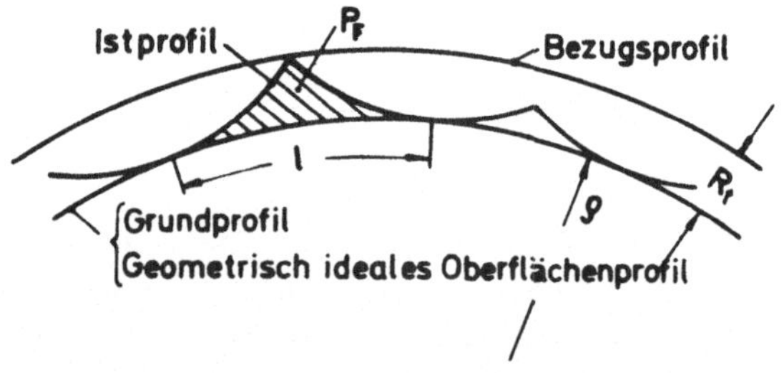

<u>Bild 4/2:</u> Auswertung eines Profilschnittes.

Die dieser rilligen Oberfläche überlagerte strukturlose Rauheit
(Mikrostruktur), die nur einen geringen Bruchteil der Fräsrillen ausmacht, wird vernachlässigt. Außerdem kann diese Rauheit
erst nach vollzogener Fräsbearbeitung ermittelt werden, so daß
bei der Bestimmung der erforderlichen Fräsbahnen allein von der
geometrisch-idealen Fläche ausgegangen werden muß.

Zur Auswertung des entstehenden theoretischen Rillenprofils,
also abstrakt geometrisch und ohne Berücksichtigung der geräte-
technischen Lösungen, bietet sich das GI-System nach [18] an
(Bild 4/2).

4.4 Erläuterung der verwendeten Begriffe

Bei der Beschreibung der Makrostruktur gefräster Flächen hat
sich eine Vielzahl von Begriffen eingebürgert, die alle mehr
oder weniger gut zutreffen. So wird z.B. die zwischen zwei Fräszeilen entstehende Abweichung von der geometrisch-idealen Oberfläche mit allen möglichen Namen bezeichnet (Grat, Profilhöhe,
Restrauhigkeit, Riefe, Rillenhöhe usw.), obwohl in der Norm
(Bild 4/1) diese Abweichung mit Rauheit bezeichnet wird. Es er-
scheint daher zweckmäßig, zuerst die im weiteren Verlauf der
Arbeit verwendeten Begriffe zu definieren.

4.4.1 Geometrisch-ideales Profil

Das geometrisch-ideale Profil ist das Profil der geometrisch-
idealen Oberfläche. Die geometrisch-ideale Oberfläche ist die
Begrenzung des geometrisch als vollkommen gedachten Körpers [17].
Im weiteren Verlauf der Arbeit wird das geometrisch-ideale Profil oftmals als "Sollkontur" bezeichnet.

4.4.2 <u>Istprofil</u>

Das Istprofil ist ein Profil der Istoberfläche und hängt vom
gewählten Messverfahren ab. Bei der rein geometrisch-abstrak-
ten Betrachtungsweise ergibt sich unter Vernachlässigung der
Mikrostruktur das Istprofil näherungsweise als eine Kette von
Kreisbögen. Jeder Bogen repräsentiert eine Fräszeile (Bild 4/2b).

4.4.3 <u>Bezugsprofil</u>

Das Bezugsprofil wird definiert als Äquidistante zum geometrisch-
idealen Profil durch den höchsten Punkt des Istprofils innerhalb
der Bezugsstrecke. Ist das geometrisch-ideale Profil eine ungleichmäßig gekrümmte Linie, so ist das Bezugsprofil diejenige
Äquidistante zum geometrisch-idealen Profil, die das Istprofil
von außen her berührt. Als Außenseite ist stets die werkstofffreie Seite der Oberfläche zu verstehen.

4.4.4 <u>Grundprofil</u>

Das Grundprofil ist das innerhalb der Rauheitsbezugsstrecke senkrecht zum geometrisch-idealen Profil so weit verschobene Bezugsprofil, daß es den vom Bezugsprofil entferntesten Punkt des Istprofils berührt. Abweichend von [18] soll hier das Grundprofil
mit dem geometrisch-idealen Profil zusammenfallen.

4.4.5 <u>Rauheit R_t</u>

Für die Rauheit R_t ergibt sich damit der Abstand vom geometrisch-
idealen Profil zum Bezugsprofil (Makrostruktur).

4.4.6 Rauheitsbezugsstrecke

Die Rauheitsbezugsstrecke 1 erstreckt sich bei der Betrachtung
des Normalprofilschnitts zwischen zwei Tangentialpunkten des
Istprofils mit dem geometrisch-idealen Oberflächenprofil
(Bild 4/2c).

4.4.7 Profilfehler

Der Profilfehler ist die innerhalb der Bezugsstrecke 1 vom Istprofil und dem geometrisch-idealen Oberflächenprofil eingeschlos-
sene Fläche P_F .

5. Fräsbearbeitung gekrümmter Flächen

Wie bei allen anderen spanenden Verfahren wird auch beim Fräsen
gekrümmter Flächen die erzeugte Oberfläche nicht mit der geometrisch-idealen Oberfläche identisch sein. Neben den Rauhei-
ten der Mikrostruktur (Gestaltabweichung 4. Ordnung) der erzeugten Oberfläche wird sich beim Bewegen des Fräswerkzeuges auf der
exakten Oberfläche durch die normalerweise verschiedene Form von
Fräswerkzeug und Fläche keine vollkommene Überdeckung ergeben.

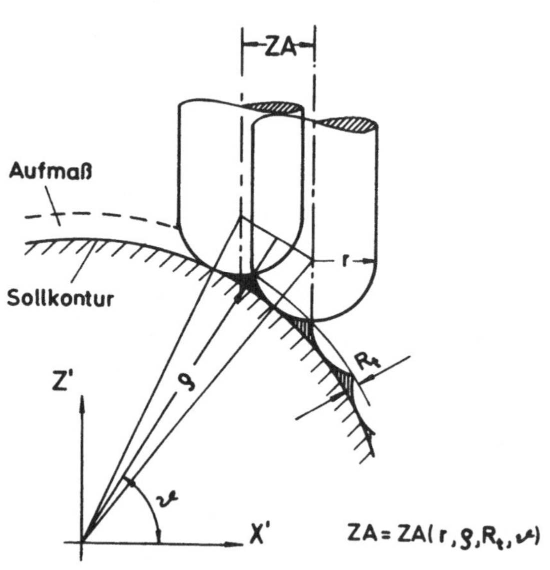

Bild 5/1: Bestimmung des Zeilenabstandes beim Fräsen gekrümmter
Flächen.

Die sich ergebenden Abweichungen, die Makrorauheit der bearbei-
teten Fläche, sind dabei durch die Krümmungsverhältnisse auf der
Fläche, die Form des Werkzeuges und seiner Lage zur Fläche sowie durch den gewählten Zeilenabstand bestimmt [19] . <u>Bild 5/1</u>
stellt diese Abhängigkeit auf einer Zylinderfläche dar. Die Achse des Zylinders ist parallel zur Y-Achse.

Für die sich der Fräsbearbeitung anschließende und meist manuell
durchzuführende Feinbearbeitung ist die beim Fräsen erreichte
Anpassung der gefrästen Fläche an die geometrisch-ideale Fläche
sowie die Lage und Größe der Fräsrillen ein Kriterium für den
Aufwand der Nachbearbeitung.

5.1 <u>Die Fräsverfahren</u>

Zur Fräsbearbeitung gekrümmter Flächen kann entweder das Nachformfräsen oder das Fräsen auf numerisch gesteuerten Maschinen
eingesetzt werden.

Beim Nachformfräsen ist man in der Wahl der Bearbeitungsmetho-
dik üblicherweise durch die Art der Nachformsteuerung auf das
Zeilenfräsen in den Hauptachsrichtungen (X- oder Y-Achse der Maschine) und das Umrißfräsen, mit und ohne vertikalem Tastvor-
schub, beschränkt <u>(Bild 5/2)</u>. Die Schwierigkeiten bei der mathematischen Beschreibung der Oberflächengeometrie werden durch
Verwendung eines naturgetreuen Nachformmodells überwunden. Von
diesem Modell werden die Sollgrößen mittels eines Nachformfüh-
lers abgenommen und auf das Bearbeitungswerkzeug übertragen
[20] [21] .

Steht jedoch eine mathematische Beschreibung der Werkstückober-
fläche zur Verfügung, so ist es möglich, die Lage und den Verlauf der erforderlichen Fräsbahnen nach anderen Gesichtspunkten
zu bestimmen und numerisch gesteuerte Maschinen einzusetzen.

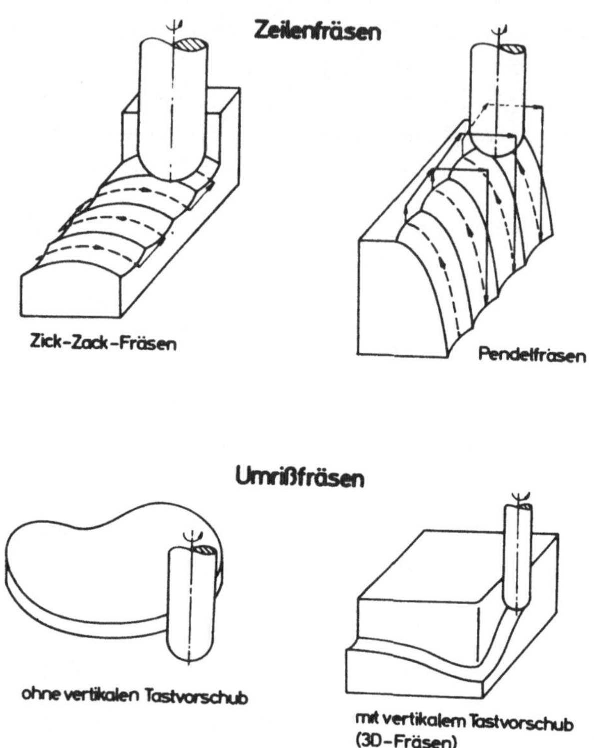

Bild 5/2: Methoden des Nachformfräsens.

5.2 Kriterien zur Auswahl und Berechnung der erforderlichen Fräsbahnen

Nachdem Möglichkeiten der Flächenerfassung und ihrer Wiedergabe bekannt sind, ist der nächste Schritt die Festlegung der erforderlichen Fräsbahnen. Da eine mathematische Beschreibung der Fläche vorliegt, können die Fräsbahnen nach geometrischen, technologischen und wirtschaftlichen Gesichtspunkten so gelegt werden, daß am Ende der Bearbeitung die erzeugte Fläche sich von

der geometrisch-idealen Oberfläche nur durch eine vorgegebene
maximale Abweichung unterscheidet. Soll dies mit wirtschaftlich
vertretbarem Aufwand durchgeführt werden, so wird eine Fräsrille
neben der anderen liegen und die Oberflächenstruktur ein geordnet rilliges Profil aufweisen. Die Lage, der Verlauf und die erforderliche Zahl dieser Rillen werden im wesentlichen durch folgende Gesichtspunkte bestimmt:

Die zwischen zwei nebeneinanderliegenden Fräsbahnen verbleibende Abweichung von der geometrisch-idealen Oberfläche (nach
Kap. 4.4 als Rauheit und/oder Profilfehler bezeichnet) darf
ein vorgegebenes Maß nicht überschreiten.

Die Bearbeitungszeit soll unter den gegebenen Voraussetzungen
möglichst kurz sein.

Die Berechnung der Werkzeugwege soll geringe Kosten verur-
sachen.

Die Lage der Fräsbahnen muß eine leichte Nachbearbeitung ermöglichen.

Die Summe dieser Forderungen soll eine möglichst wirtschaft-
liche Fertigung ergeben. Lage, Form und Abstand der Fräsbahnen sind dafür ein wesentliches Kriterium.

5.2.1 Lage, Form und Abstand der Fräsbahnen

Das am häufigsten eingesetzte Fräswerkzeug zur Bearbeitung beliebig gekrümmter Flächen ist der zylindrische Gesenkfräser mit
runder Stirn. Aus diesem Grund werden die folgenden Untersuchungen unter Berücksichtigung eines derartigen Werkzeuges durchgeführt. Verlangt man außerdem noch, daß die Fläche in einem Schnit
bearbeitet werden kann, so sind beim Fräsen von Flächen zwei mögliche Bewegungsabläufe von Bedeutung:

Die gesamte Fläche wird mit einem Netz von Fräsbahnen belegt,
die nebeneinander und nahezu parallel verlaufen.

Die Fläche ist mit einem spiralförmigen Netz von Fräsbahnen
belegt. Die Spirale kann dabei in eine Folge von Äquidistanten

zur Flächenberandung zerfallen. Bei Flächen, die im Umriß
konkave Ecken besitzen, wird diese Art der Bearbeitung sehr
schwierig, da dann die Gesamtfläche oftmals in mehrere Un-
terflächen zu zerlegen ist [22].

Für beide Methoden läßt sich der optimale Zeilenabstand zwischen
zwei Fräszeilen in einem Normalprofilschnitt (vgl.Kap.4.3) darstellen und berechnen (Bild 5/3).

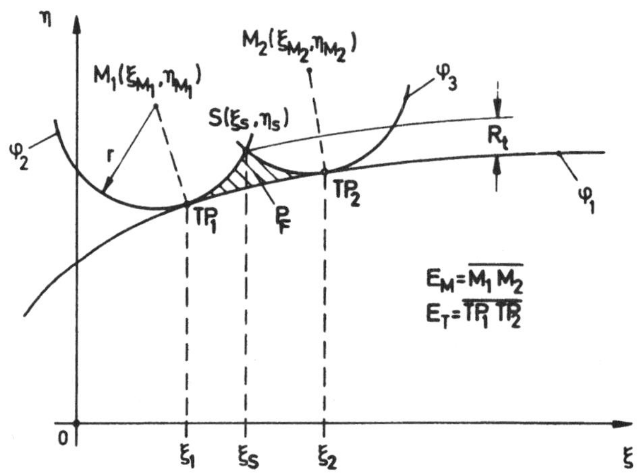

Bild 5/3: Normalprofilschnitt.

Umgekehrt kann bei vorgegebenem Fräszeilenabstand und bekanntem
Fräserdurchmesser die zurückbleibende Rauheit oder der Profilfehler berechnet werden. Die Problemstellung dazu lautet:

Ausgehend von einer erzeugten Fräsrille muß die Position der
danebenliegenden Fräsrille bzw. die dort erforderliche Stellung des Fräswerkzeuges berechnet werden. Als Kriterien dienen die Rauheit und/oder der Profilfehler (Bild 5/3). Trifft
man die Voraussetzung, daß die beiden Fräsrillen nahezu

parallel zueinander verlaufen und der Normalprofilschnitt
der Fräsrille im Tangentialpunkt TP_1 mit dem Normalprofilschnitt in TP_2 hinreichend genau übereinstimmt, so kann der
entstehende Profilschnitt als eine Kette von Kreisbögen,
alle mit dem Radius des Fräswerkzeuges, betrachtet werden.

Führt man in der Normalprofilschnittebene ein Bezugskoordinatensystem (ξ, η) ein, so kann die Fläche der durch manuelle Nacharbeit noch abzutragenden Unregelmäßigkeiten, der Profilfehler P_F, berechnet werden (Bild 5/3):

$$P_F = \int_{\xi=\xi_1}^{\xi_S} (\varphi_2(\xi) - \varphi_1(\xi))\, d\xi + \int_{\xi=\xi_S}^{\xi_2} (\varphi_3(\xi) - \varphi_1(\xi))\, d\xi \qquad (5,1)$$

φ_1 entspricht der in das Bezugskoordinatensystem transformier-
ten Flächenkurve $\mathcal{C}$. Die Rauheit R_t errechnet sich als kleinste
Entfernung des Schnittpunktes S von einem Punkt $P(\xi,\eta) \in \varphi_1$
zwischen TP_1 und TP_2:

$$R_t = \sqrt{(\xi_S - \xi_{\varphi_1})^2 + (\eta_S - \eta_{\varphi_1})^2} = \text{Minimum} \qquad (5,2)$$

Bei der Berechnung des Abstandes der erforderlichen Fräsbahnen
ist jedoch an Stelle von TP_2 entweder die Rauheit R_t oder der
Profilfehler P_F bekannt bzw. vorgeschrieben und der diesen Bedingungen genügende Punkt TP_2 ist zu berechnen.

5.2.1.1 Schnitt der Fläche Φ mit einer Ebene

Der gesuchte Punkt TP_2 ist ein Element der Flächenkurve $\mathcal{C}$.
Die Flächenkurve $\mathcal{C}$ wiederum entsteht durch Schnitt der Fläche Φ mit der Normalprofilschnittebene.

Ausgehend von der Flächendarstellung nach Gl.3,6 läßt sich die
Funktion der Schnittkurve $\mathcal{C}$ nicht einfach aufstellen. Der Verlauf der Kurve kann jedoch durch eine Anzahl auf der Kurve liegender Punkte hinreichend genau angenähert werden. TP_2 ist dann
wie TP_1 ein Element der Punktmenge M auf der Kurve $\mathcal{C}$.

Man berechnet einen Punkt der Schnittkurve $\mathcal{C}$, indem man in die
Gleichung der Schnittebene

$$a_0 + a_1 x + a_2 y + a_3 z \quad = \quad 0$$

die Ausdrücke für die x-, y- und z-Koordinate eines Flächenpunktes aus Gl.3,6 einsetzt. Man erhält dadurch für die Schnittkurve $\mathcal{C}$ die Gleichung:

$$\mathcal{C}(u,v) = a_0 + a_1 x(u,v) + a_2 y(u,v) + a_3 z(u,v) = 0 \qquad (5,3)$$

Ist nun ein Punkt $P_1(u_1,v_1)$ der Schnittkurve $\mathcal{C}$ bekannt, so kann
ein weiterer Kurvenpunkt berechnet werden, indem man $u_2 = u_1 + \Delta u$
setzt und Gl.5,3, die dadurch von einem bikubischen zu einem kubischen Polynom $F(v) = 0$ wird, nach v auflöst.

Nimmt man $v_2 = v_1$ als Näherungswert für die Wurzel des Polynoms $F(v) = 0$, so kann zur Verfeinerung des Näherungswertes das
Newtonsche Näherungsverfahren verwendet werden [23] . Das Verfahren beschreibt folgenden Sachverhalt:

Ist v_0 ein Näherungswert der Wurzel τ der Gleichung $F(v) = 0$,
so wählt man als bessere Näherung

$$v_1 = v_0 - \frac{F(v_0)}{F'(v_0)}$$

Verfährt man nun mit v_1 ebenso wie mit v_0, so kann mit einer weiteren Verbesserung ein noch genauerer Wert v_1 errechnet werden. Dieser Prozeß der schrittweisen Näherung konvergiert stets gegen die genaue Lösung, sofern τ eine einfache Wurzel, d.h.

$$F'(\tau) \neq 0$$

und
$$\frac{F(v_0) \cdot F''(v_0)}{F'(v_0)^2} < 1$$

ist und der erste Näherungswert hinreichend nahe bei dem genauen Wert τ liegt [24].

Erfüllt der errechnete Wert v_2 hinreichend genau Gl.5,3, so sind u_2 und v_2 die Koordinaten eines weiteren Kurvenpunktes, z.B. $TP_2(u_2,v_2)$. Das beschriebene Verfahren verläuft analog, wenn statt u_2 ein Wert für v_2 vorgegeben und nach u aufgelöst wird.

Nun kann

$$\lambda = \frac{du}{dv} = \frac{u_2 - u_1}{v_2 - v_1}$$

bestimmt werden, und mit Gl.3,11 läßt sich die Krümmung der Flächenkurve $\mathscr{C}$ in den Punkten $TP_1(u_1,v_1)$ und $TP_2(u_2,v_2)$ berechnen. Ebenso kann mit Gl.3,8 der Tangentenvektor und mit Gl.3,9 die Flächennormale in beiden Punkten berechnet werden.

5.2.1.2 Berechnung der Rauheit und des Profilfehlers

Zur Berechnung der Rauheit R_t nach Gl.5,2 und des Profilfehlers P_F nach Gl.5,1 ist eine funktionsmäßige Darstellung der Schnittkurve φ_1 erforderlich. φ_1 kann jedoch nur punktweise berechnet werden; es ist daher für den Verlauf von φ_1 zwischen TP_1 und TP_2 eine Ersatzfunktion zu bestimmen.

Die einfachste Ersatzfunktion, die den Verlauf von φ_1 zwischen
den Punkten TP_1 und TP_2 approximiert, ist eine Gerade durch TP_1
und TP_2. Eine bessere Näherung wird jedoch sicherlich durch eine quadratische oder kubische Funktion erreicht werden. Eine
Fehlerbetrachtung hat zu klären, welche Näherungen zu treffen
sind und welche Folgerungen sich daraus ergeben.

Aus Gründen der einfacheren mathematischen Handhabung werden
die folgenden Untersuchungen wieder im Bezugskoordinatensy-
stem(ξ,η) der Normalprofilschnittebene durchgeführt.

5.2.1.2.1 Approximation mittels einer Geraden

Sowohl bei der Bestimmung der Rauheit als auch bei der Berechnung des Profilfehlers geht die Krümmung der Fläche ϕ als Parameter ein. Der Einfluß der Krümmung wird jedoch mit größer
werdendem Betrag des Krümmungsradius ρ geringer. Versucht man
den Flächenverlauf zu linearisieren, so ergibt sich für die
Rauheit und den Profilfehler ein verfälschter Wert (Bild 5/4)

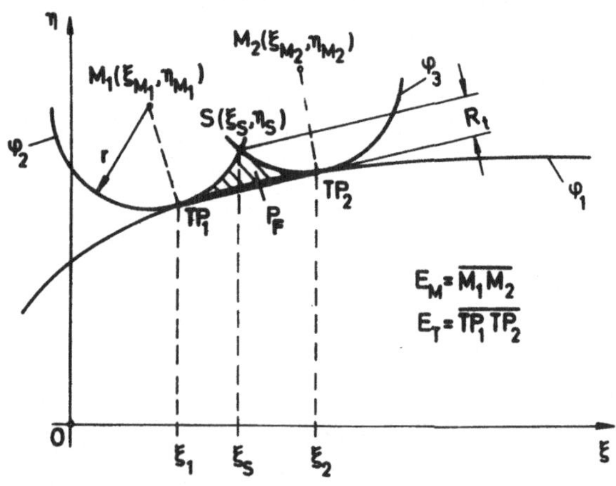

Bild 5/4: Normalprofilschnitt mit linearer Näherung I.

bzw. ein falscher Zeilenabstand. Die Rauheit R_t berechnet man mit Gl.5,2, den Profilfehler P_F mit Gl.5,1.

Bei Flächen mit betragsmäßig großen Krümmungsradien wird die Abweichung der Linearisierungsgeraden durch TP_1 und TP_2 von der exakten Flächenkurve relativ klein. Für $\varrho = |\infty|$ ergibt sich dann im Bezugskoordinatensystem (Bild 5/5) ein einfacher Zusammenhang für die Rauheit R_t und den Profilfehler P_F.

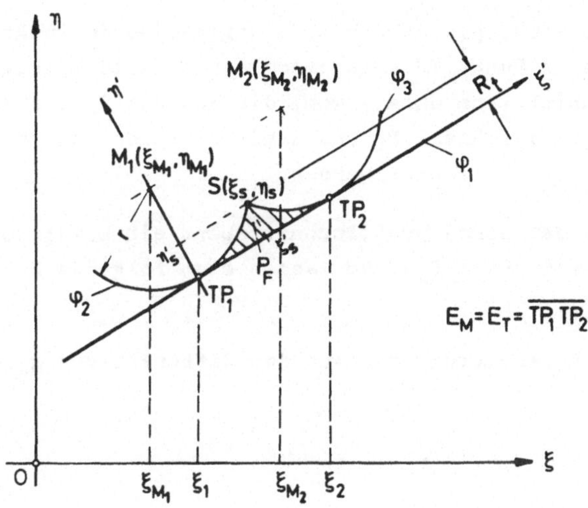

<u>Bild 5/5:</u> Normalprofilschnitt mit linearer Näherung II.

Man erhält

$$R_T = r - \sqrt{r^2 - \xi_S'^{\,2}}$$

und

$$P_F = 2 \int\limits_{\xi'=0}^{\xi_S'} \left(r - \sqrt{r^2 - \xi_S'^{\,2}} \right) \, d\xi'$$

5.2.1.2.2 Approximation mittels eines Kreisbogens

Da bei den meisten Flächen die Änderung der Krümmung zwischen
zwei nebeneinanderliegenden Fräszeilen relativ gering ist, wird
im folgenden angenommen, daß die Kurve φ_1 zwischen TP_1 und TP_2
durch einen Kreisbogen mit dem Radius

$$\varphi = \frac{\varphi_1 + \varphi_2}{2}$$

approximiert wird. φ_1 ist der Krümmungsradius im Punkt TP_1 und
φ_2 derjenige im Punkt TP_2. In einem dermaßen idealisierten Normalprofilschnitt kann dann sowohl die Rauheit R_t als auch die
Fläche des Profilfehlers P_F und damit verbunden das noch abzu-
tragende Volumen berechnet werden.

Wählt man in der Normalprofilschnittebene ein Bezugskoordinatensystem wie in <u>Bild 5/6</u>, so lassen sich folgende Beziehungen
ableiten:

Die Rauheit R_t ermittelt man aus der Differenz von η_s und φ :

$$R_t = \eta_s - \varphi$$

Umgeformt und die bekannten Größen eingesetzt, ergibt

$$R_t = \eta_{M_1} - \varphi - \sqrt{r^2 - \xi_{M_1}^2}$$

mit

$$\eta_{M_1} = \sqrt{(\varphi + r)^2 - \xi_{M_1}^2}$$

und

$$\xi_{M_1} = -\frac{\overline{TP_1 TP_2}}{2} \cdot \frac{\varphi + r}{\varphi}$$

Die Fläche des Profilfehlers kann mit Gl.5,1 berechnet werden.

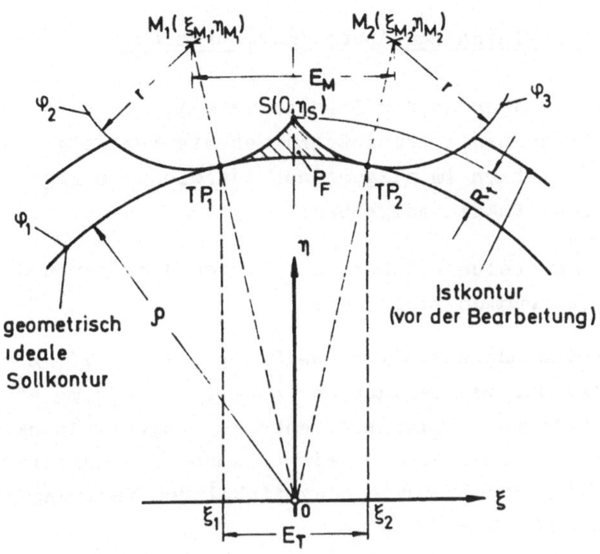

Bild 5/6: Normalprofilschnitt mit zirkularer Näherung.

5.2.1.2.3 Approximation mittels eines kubischen Polynoms

Der Verlauf von φ_1 zwischen TP_1 und TP_2 läßt sich z.B. durch eine Kurve der Form

$$\eta = a_0 + a_1\xi + a_2\xi^2 + a_3\xi^3$$

annähern. Mit Hilfe der Koordinaten der Punkte TP_1 und TP_2 sowie den Tangentenvektoren in diesen zwei Punkten lassen sich die Koeffizienten des kubischen Polynoms bestimmen. Die Rauheit R_t und der Profilfehler P_F können dann mit Gl. 5,2 bzw. 5,1 berechnet werden.

5.2.1.2.4 Vergleich der Approximationsmethoden

Sowohl die Annäherung der Schnittkurve φ_1 durch ein kubisches Polynom als auch die Vereinfachungen mit Kreisbögen und Geradenstücken liefern im allgemeinen ausreichende Ergebnisse. Dafür sind zwei Fakten maßgebend:

Die betrachteten Flächen unterliegen stetigen und relativ geringen Krümmungsänderungen.

Das größte handelsübliche Werkzeug mit r = 25 mm in Verbindung mit der max. erlaubten Rauheit $R_t \approx 0{,}9$ mm ergibt z.B. bei positiven Krümmungsradien eine Tangentialpunktentfernung $E_T < 15$ mm. In diesen Bereichen kann ohne weiteres die Vereinfachung der linearen oder zirkularen Näherung getroffen werden (vgl. Bild 5/10).

Führt man für die Strecken $\overline{M_1 M_2}$ und $\overline{TP_1 TP_2}$ (Bild 5/6) die Abkürzungen

$$E_M = \overline{M_1 M_2} \quad = \quad \sqrt{(\xi_{M_1} - \xi_{M_2})^2 + (\eta_{M_1} - \eta_{M_2})^2}$$

und.

$$E_T = \overline{TP_1 TP_2} \quad = \quad \sqrt{(\xi_1 - \xi_2)^2 + (\eta_1 - \eta_2)^2}$$

ein, so erhält man bei quadratischer Näherung (Bild 5/6) der Schnittkurve

$$E_M = \frac{\varrho + r}{\varrho} \cdot E_T = \left(1 + \frac{r}{\varrho}\right) \cdot E_T \qquad (5,4)$$

Bildet man nun in Gl.5,4 für $\varrho \longrightarrow \infty$ den Grenzwert, so erhält man

$$E_M = \lim_{\varrho \to \infty} (1 + \frac{r}{\varrho}) \, E_T = E_T$$

Die Frage ist nun, bei welchen Werten von ϱ bereits eine Linearisierung der Gl. der Flächenkurve durchgeführt werden kann. Als Kriterium kann z.B. der Fräszeilenabstand $ZA = ZA(r, \varrho, R_t, \vartheta)$ betrachtet werden. Verändert sich ZA bei einer Linearisierung nur unwesentlich gegenüber dem Zeilenabstand bei Berücksichtigung der Flächenkrümmung, so kann linearisiert werden. Da der Fräszeilenabstand, bezogen auf die Werkzeugachsen, jedoch außerdem noch von der Steigung des Kurvenzuges zwischen TP_1 und TP_2 abhängig ist, betrachtet man am besten das Verhältnis der lageinvarianten Größen E_M und E_T. Dies ist ohne weiteres zulässig, da zwischen dem Zeilenabstand ZA und dem Mittelpunktsabstand E_M folgender Zusammenhang besteht:

$$ZA = E_M \cdot \sin \vartheta \tag{5,5}$$

ϑ ist der Winkel, den eine Gerade durch TP_1 und TP_2 mit der z-Achse einschließt.

Für betragsmäßig größer werdende Krümmungsradien ϱ wird die Differenz $E_M - E_T$ kleiner. Damit verbunden ändert sich der Zeilenabstand ZA nur noch unwesentlich. In <u>Bild 5/7</u> wurde daher das Verhältnis

$$F_{rel} = \frac{E_M - E_{T_{\varrho = \infty}}}{E_{T_{\varrho = \infty}}} \cdot 100 \; [\%] \quad ,$$

im weiteren als äußerster relativer Fehler bezeichnet, über dem positiven Radius ϱ der Schnittkurve φ_1 in Abhängigkeit von der Rauheit R_t und dem Fräserradius r, aufgetragen.

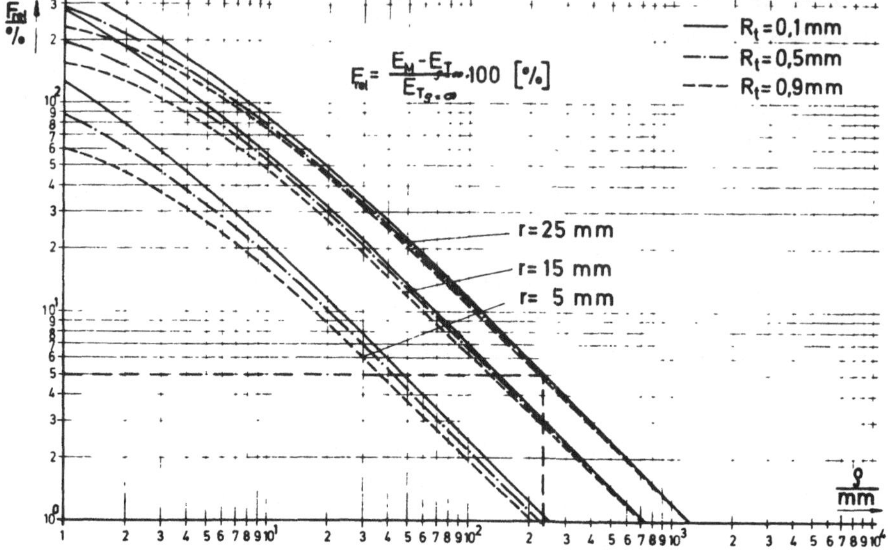

Bild 5/7: Äußerster relativer $F_{rel} = \dfrac{E_M - E_{T_{\varrho=\infty}}}{E_{T_{\varrho=\infty}}} \cdot 100 \ [\%]$ über dem Krümmungsradius ϱ der Schnittkurve φ_1

Man erkennt daraus, daß bei kleinen positiven Krümmungsradien ein wesentlich größerer Zeilenabstand ZA bei zirkularer Näherung möglich ist. Im Bereich größerer Krümmungsradien hingegen unterscheidet sich E_M und E_T nur noch unwesentlich.

Bemerkenswert ist der geringe Einfluß der Rauheit auf den sich ergebenden Fehler des Fräszeilenabstandes (bei konstantem Fräserradius).

Hält man nun einen Fehler zu ungunsten der benötigten Anzahl von Fräsbahnen von 5% für vertretbar und bestimmt die frei wählbaren Variablen r und R_t zu r = 25 mm und R_t = 0,5 mm, so kann man aus Bild 5/7 entnehmen, daß bereits bei einem Krümmungsradius von $\varrho \approx$ 235 mm eine Linearisierung des Problems durchgeführt werden kann.

Die bei einem z.B. vorgegebenen Fehler auftretenden Abweichungen im Betrag des Mittelpunktabstandes E_M sowie die Veränderung
des Mittelpunktabstandes bei Variation des Krümmungsradius und/
oder des Fräserradius sind in <u>Bild 5/8</u> für R_t = 0,5 mm dargestellt.

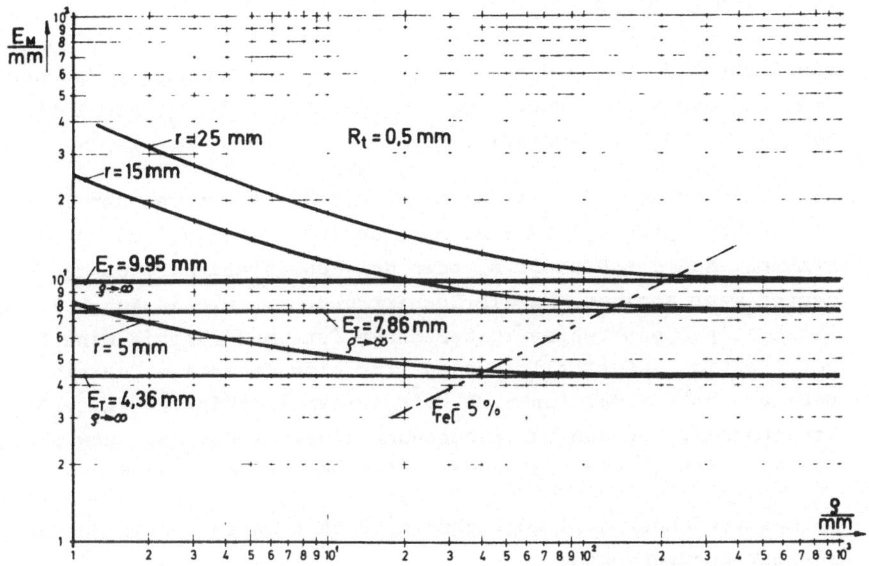

<u>Bild 5/8:</u> E_M in Abhängigkeit vom Krümmungsradius ϱ und dem Frä-
serradius r für R_t = 0,5 mm.

Bei dem angeführten Beispiel (ϱ = 235, r = 25) ergibt sich
dann aus Bild 5/8 eine Differenz von

$$E_M - E_T \approx 0,5 \text{ mm}$$

Bei negativen Werten von ϱ ergibt sich bei einer durchgeführten Linearisierung ein zu großer Mittelpunktsabstand und damit

eine zu große Rauheit. Dies muß beim Übergang von zirkularer auf lineare Näherung beachtet werden.

Aus Bild 5/7 ergibt sich außerdem, daß für kleinere Fräser früher linearisiert werden kann.

5.2.1.3 Berechnung des Fräszeilenabstandes

Die Rauheit R_t sowie der Profilfehler P_F sind abhängig von der Krümmung der Schnittkurve φ_1 zwischen TP_1 und TP_2, der Entfernung E_T und dem Fräserradius r.

Setzt man voraus, daß im Gaußschen Koordinatensystem der Tangentialpunkt $TP_1(u_1,v_1)$ bekannt ist, so ist $TP_2(u_2,v_2)$ so zu bestimmen, daß die Rauheit R_t oder der Profilfehler P_F den geforderten Wert annimmt. Da die Schnittkurve φ_1 wie in Kap.5.2.1.1 gezeigt, nur punktweise zu berechnen ist, muß für sie eine Ersatzfunktion aufgestellt werden. Ist eine derartige Funktion bekannt, so ist der Punkt TP_2 mit seinen Koordinaten (u_2,v_2) berechenbar. Für den zur Berechnung dieser Größen zu entwickelnden Algorithmus sind folgende Gesichtspunkte maßgebend:

Das Verfahren soll möglichst einfach sein und wenig Rechenzeit beanspruchen.

Da der Punkt $TP_2(u_2,v_2)$ nicht exakt berechnet werden kann, müssen Toleranzen angegeben sein. Das Rechenverfahren braucht daher keine besseren Ergebnisse als die minimal geforderten zu garantieren.

Um den Programmaufwand möglichst klein zu halten ist zu prüfen, ob nicht bereits vorhandene und unbedingt erforderliche Programme zur Lösung dieses Problems eingesetzt werden können. Unter Umständen kann dieser Punkt gegenüber Punkt 1 mit höherer Priorität belegt werden.

Für die weiteren Betrachtungen wird der praxisnähere Wert der Rauheit R_t als Kriterium verwendet.

5.2.1.3.1 Verfahren der schrittweisen Näherung

Ein rechentechnisch einfaches Verfahren stellt die Methode der
schrittweisen Näherung dar. Ausgehend von einem Punkt, z.B.
$TP_1(u_1,v_1)$, wird durch Vorgabe eines u-Wertes $u_2' = u_1 + \Delta u$
mit Hilfe der in Kapitel 5.2.1.1 beschriebenen Newtonschen
Wurzelverbesserung ein Rohwert $TP_2'(u_2',v_2')$ möglichst nahe
bei TP_2 theor., berechnet. Dann wird von TP_2' aus mit sehr
kleinen Δu bzw. Δv Schritten versucht, einen Punkt $TP_2(u_2,v_2)$
zu finden, welcher die Bedingung

$$\left| R_t \text{ theor.} - R_t \text{ berechnet} \right| \leqq \varepsilon$$

erfüllt. ε ist die erlaubte Abweichung und im Verhältnis zu R_t
klein.

Der damit gefundene Punkt $TP_2(u_2,v_2)$ kann dann wieder als Ausgangspunkt für die Berechnung der nächsten Fräszeile dienen.
Aus den Differenzen $\Delta u = u_2-u_1$ und $\Delta v = v_2-v_1$ können hypothe-
tisch die Rohwerte für den Näherungswert TP_2' ermittelt werden.

5.2.1.3.2 Annäherung der Schnittkurve durch einen Kreisbogen

Wird als Näherungsfunktion für die Schnittkurve zwischen TP_1
und TP_2 ein Kreisbogen mit dem Radius ϱ angenommen, so kann
zur Berechnung von TP_2 noch eine andere Methode angewendet werden. Für jede Kombination von R_t, ϱ und r wird sich ein ganz be-
stimmter Wert für E_T ergeben. Ist nun umgekehrt E_T bekannt, so
kann wie aus <u>Bild 5/9</u> ersichtlich, für den Vektor $\vec{P}_2$ zum
Punkt TP_2 folgende Gleichung aufgestellt werden:

$$\vec{P}_2 = \vec{P}_1 + \vec{T} + \vec{R} \tag{5,6}$$

Dabei ist $\vec{T} = \mu \cdot \vec{t}$ und $\vec{R} = -\psi \cdot \vec{n}$; $\vec{t}$ ist der Einsvektor der Kur-
ventangente im Punkt TP_1 und $\vec{n}$ der Einsvektor der Kurvennormalen
in TP_1.

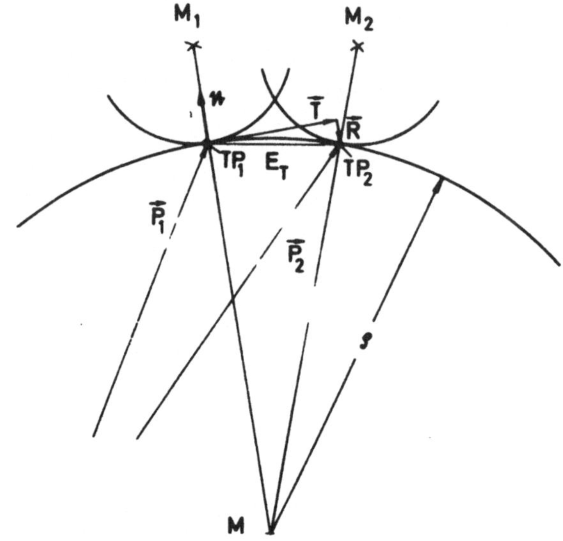

Bild 5/9: Vektorielle Berechnung des Fräszeilenabstandes.

Die skalaren Größen μ und ψ errechnen sich zu

$$\psi = \frac{E_T{}^2}{2\varrho}$$

und

$$\mu = E_T \sqrt{1 - \left(\frac{E_T}{2\varrho}\right)^2}$$

E_T entspricht der Entfernung $\overline{TP_1 TP_2}$. ϱ ist der Krümmungsradius der Ersatzkurve und kann mit Gl.3.11 bestimmt werden.

E_T ist abhängig von R_t, ϱ und r. <u>Bild 5/10</u> zeigt E_T über ϱ für verschiedene Werte von R_t und r. Berechnen läßt sich E_T nach Bild 5/6 mit der Gleichung

$$E_T = 2\varrho \sqrt{1 - \left(\frac{(\varrho+R_t)^2 + (\varrho+r)^2 - r^2}{2(\varrho+R_t)(\varrho+r)}\right)^2}$$

Aus Gl.5,6 kann damit die x-, y- und z-Koordinate des Punktes TP_2 ermittelt werden. Zur Berechnung der Kurvennormale und zur weiteren Tangentialpunktberechnung sind jedoch außerdem noch die u- und v-Koordinaten (u_2, v_2) des Tangentialpunktes TP_2 zu ermitteln.

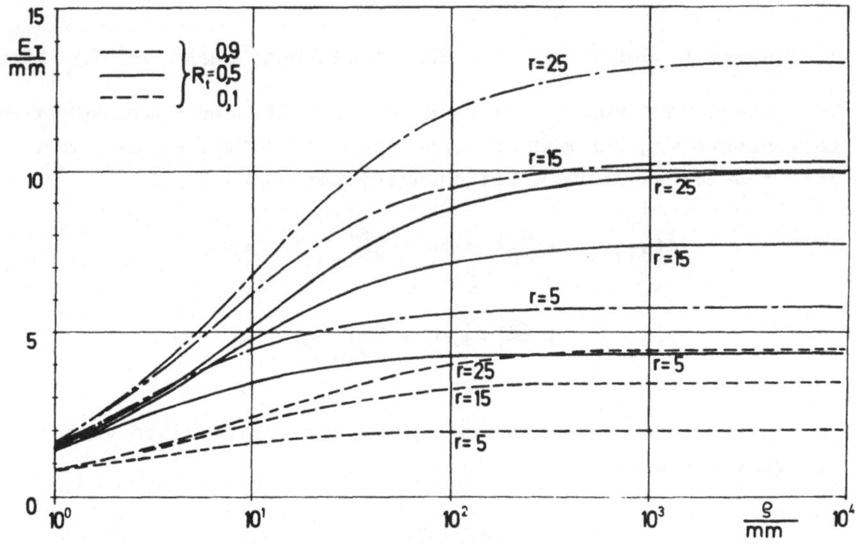

<u>Bild 5/10:</u> Entfernung E_T in Abhängigkeit von ϱ, R_t und r.

Zur Bestimmung von u_2 und v_2 wird folgende Überlegung durch-geführt: Laut Gl.5,6 und Bild 5/9 muß sein

$$x(u_2,v_2) - x_{TP2} \;=\; 0$$

$$y(u_2,v_2) - y_{TP2} \;=\; 0$$

Dieses nichtlineare Gleichungssystem 6.Grades in u und v läßt sich nicht explizit lösen. Andererseits ist jedoch eine Näherungslösung (u_1,v_1) bekannt. Es können daher folgende Bedingungen aufgestellt werden:

$$f(u_1,v_1) = x(u_1,v_1) - x_{TP_2} \;=\; 0$$

$$g(u_1,v_1) = y(u_1,v_1) - y_{TP_2} \;=\; 0$$

Voraussetzung dafür ist, daß TP_2 hinreichend genau bei TP_1 liegt.

Der genaue Wert von u_2 und v_2 kann mit Hilfe der Newtonschen Wurzelverbesserung für mehrere Unbekannte ermittelt werden. Man stellt dazu das lineare Gleichungssystem

$$f(u_1,v_1) + \left.\frac{df}{du}\right|_{u_1}\cdot\varDelta u + \left.\frac{df}{dv}\right|_{v_1}\cdot\varDelta v \;=\; 0$$

$$g(u_1,v_1) + \left.\frac{dg}{du}\right|_{u_1}\cdot\varDelta u + \left.\frac{dg}{dv}\right|_{v_1}\cdot\varDelta v \;=\; 0$$

$$(5,7)$$

auf. Die Lösung dieses Gleichungssystems ergibt einen verbesserten Wert von u und v:

$$u_2 \;=\; u_1 + \varDelta u$$

$$v_2 \;=\; v_1 + \varDelta v$$

Die verbesserten Werte bilden dann den Ausgang für die nächste Näherung. Diese Verbesserung wird solange durchgeführt, bis die

Bedingungen

$$\left| x(u_2, v_2) - x_{TP_2} \right| \leqq \varepsilon$$

und
$$\left| y(u_2, v_2) - y_{TP_2} \right| \leqq \varepsilon$$

erfüllt sind. ε ist wieder der maximal zulässige Fehler.

5.3 Die Fräszeile

Nachdem in den vorausgegangenen Kapiteln die **Lage** zweier Fräszeilen zueinander behandelt wurde, wird nun näher auf den Aufbau und die Gewinnung der zur Steuerung einer Maschine erforderlichen geometrischen Informationen eingegangen.

Betrachtet man die Werkzeugmaschine als Glied einer Kette daten-
verarbeitender Systeme [5] , so kann man zwischen der sogenannten "Äußeren Datenverarbeitung" und der "Inneren Datenverarbeitung" unterscheiden. Die äußere Datenverarbeitung erstreckt
sich bis zur Herstellung eines Informationsträgers zur Steuerung der Werkzeugmaschinen, während die innere Datenverarbeitung die ganze Maschinensteuerung im engeren Sinn umfaßt.

Die bei der inneren Datenverarbeitung anfallende Informations-
menge für eine dreiachsig bahngesteuerte Maschine ist sehr groß
und beträgt bis zu 5000 bit/s   [25] . Diese große Datenmenge
kann nicht immer von der äußeren Datenverarbeitung und ihrem
heute noch normal üblichen Informationsträger Lochstreifen übernommen werden. Man ist daher gezwungen, die Wegschritte relativ
groß zu wählen und die Ermittlung der erforderlichen Zwischen-
werte der inneren Datenverarbeitung zu überlassen. Dort werden
die Weginformationen einem Interpolator oder Kurvengenerator
zugeführt, der im wesentlichen zwei Aufgaben zu erfüllen hat:

Er muß zwischen den gegebenen Stützpunkten linear, zirkular,
parabolisch oder dgl. interpolieren oder eine bestimmte Kur-
venform (z.B. Kreisbogen) erzeugen.

Er muß die technologisch vorgegebene Vorschubgeschwindigkeit
des Werkzeuges, d.h. die Größe des Geschwindigkeitsvektors
in die Geschwindigkeiten der einzelnen Maschinenschlitten
auflösen.

Selbstverständlich können diese Aufgaben auch von der äußeren
Datenverarbeitung übernommen werden. Die erforderlichen Steuerdaten werden dann entweder "On-Line" von einer EDVA berechnet
und zur Steuerung übertragen, oder "Off-Line" berechnet, auf

einem Informationsträger gespeichert und erst bei Bedarf der
Steuerung zur Verfügung gestellt.

Als Vorläufer derartiger Systeme sind die in den letzten Jahren
entwickelten DNC-Anlagen (Direct Numerical Control) anzusehen.
Bei diesen Anlagen wird das Ergebnis der äußeren Datenverarbeitung, also der Steuerlochstreifen, von einem Prozeßrechner
verwaltet und bei Bedarf den angeschlossenen NC-Steuerungen
übertragen [26] . Wie weit derartige Systeme in der Lage sind,
auch die Aufgaben der inneren Datenverarbeitung zu übernehmen,
muß die Entwicklung zeigen. Die sinkenden Kosten der Interpo-
lations-Hardware numerischer Steuerungen lassen jedoch vermu-
ten, daß in absehbarer Zeit noch keine Verlagerung der Interpolation in die äußere Datenverarbeitung zu erwarten ist.

Aus diesen Gründen muß zunächst untersucht werden, wie die In-
formation für die innere Datenverarbeitung aussehen muß und wie
sie gewonnen werden kann.

5.3.1 Die Interpolationsverfahren

Wie angeführt finden heute bei NC-Steuerungen hauptsächlich
lineare, zirkulare und parabolische Interpolationsverfahren
Anwendung, obwohl grundsätzlich für alle Kurven Interpolatoren
konstruierbar sind. Der dafür notwendige gerätetechnische Aufwand ist jedoch in den meisten Fällen nicht zu vertreten.

Zur Interpolation von Raumkurven kommt normalerweise Linearinterpolation und Parabelinterpolation in Frage. Dies bedeutet, daß eine stetige Kurve von der äußeren Datenverarbeitung
in einen Polygonzug unterteilt wird, dessen Eckpunkte auf der
Kurve liegen. Die Punkte stellen die Position der Werkzeugspitze und nicht die Koordinaten des jeweiligen Tangentialpunktes von Werkzeug und Fläche dar.

5.3.1.1 Linearinterpolation

Bei der Linearinterpolation wird immer zwischen zwei Bahnpunkten linear interpoliert. Die maximale Entfernung dieser Punkte
hängt ab von der erlaubten Abweichung dieser Geraden von der
idealen Werkzeugmittelpunktsbahn (Bild 5/11a). Interpoliert
wird meist nach dem DDA-Verfahren [27].

Werden die Bahnpunkte genügend dicht gelegt, so tritt bei der
Bearbeitung des Werkstücks infolge der integrierenden Eigen-
schaften von Werkzeug und Maschine ein Verschleifen der Eckpunkte auf.

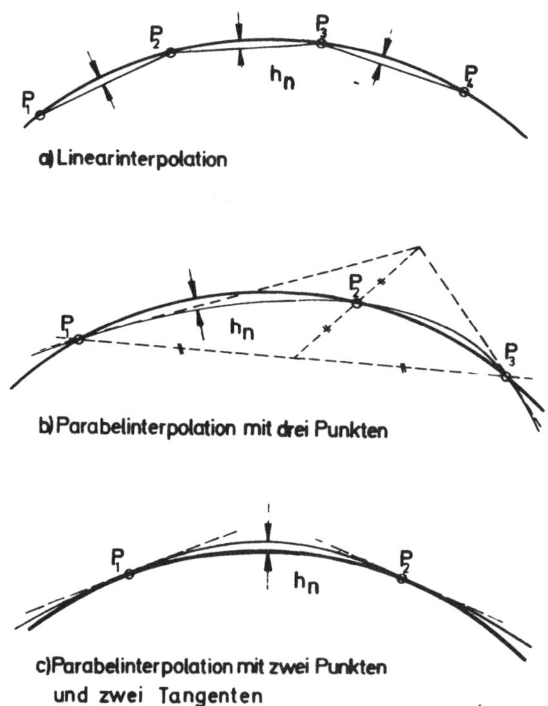

Bild 5/11: Interpolation zwischen vorgegebenen Bahnpunkten.

5.3.1.2 Parabelinterpolation

Durch Vorschalten eines zweiten DDA kann aus einem Linearinter-
polator ein Parabelinterpolator entwickelt werden.

Bei der Parabelinterpolation wird wie bei der Linearinterpolation zwischen vorgegebenen Bahnpunkten interpoliert. Man macht
sich dabei die Eigenschaft der sich stetig ändernden Krümmung
der Parabel zu Nutze, um die vorgegebenen Bahnpunkte mit einer
in der 1.Ableitung stetigen Kurve zu verbinden. Dabei kann entweder zwischen zwei oder drei vorgegebenen Punkten eine Raumkurve gelegt werden (Bild 5/11b,c).

5.3.2 Verlauf der Fräszeilen

Nachdem die Anforderungen bezüglich des Abstandes zweier Fräszeilen in Abhängigkeit von R_t und P_F ermittelt sind (Kap.5.2),
muß nun der Verlauf der Fräszeilen bestimmt werden. In Kap.5.2.1
wurde darauf hingewiesen, daß neben der Belegung der Gesamtfläche mit quasi parallelen Fräszeilen auch andere Aufteilungen
und Bahnbelegungen möglich sind. Zu den kürzesten Bearbeitungszeiten führt jedoch in jedem Fall eine Belegung mit quasi parallelen Fräszeilen, die knickfrei über die Fläche verlaufen
und normalerweise nicht parallel zu einer Maschinenachse sind.
Dadurch erreicht man ein geordnetes Oberflächenprofil und er-
leichtert somit die manuelle Nachbearbeitung.

Für den Verlauf der Fräszeilen und die Bearbeitungsrichtung sind
folgende Fakten, die sich teilweise mit den in Kap.5.2 gemachten Forderungen decken, ausschlaggebend:

Das Fräswerkzeug ist so zu führen, daß mit optimalen Schnitt-
bedingungen gearbeitet werden kann.

Die Bearbeitungszeit soll möglichst gegen ein Minimum gehen.

Die Anforderungen der Nachbearbeitung sind zu berücksichtigen.

Die Rechenverfahren sind unter dem Aspekt der Wirtschaftlichkeit zu konzipieren.

5.3.2.1 Einfluß des Fräswerkzeuges

Der zylindrische Gesenkfräser mit runder Stirn ist zerspanungs-
technisch gesehen ein recht problematisches Werkzeug. Bild 5/12
zeigt den sinusförmigen Anstieg der Schnittgeschwindigkeit am
Kugelumfang in Abhängigkeit von der z-Koordinate eines Mantel-
punktes des Fräsers. Soll das Werkzeug also wirtschaftlich eingesetzt werden, so ist nach Möglichkeit der drückende Bereich
der Werkzeugspitze, der sich durch geringe Spanräume und minimale Schnittgeschwindigkeit auszeichnet, nicht einzusetzen.

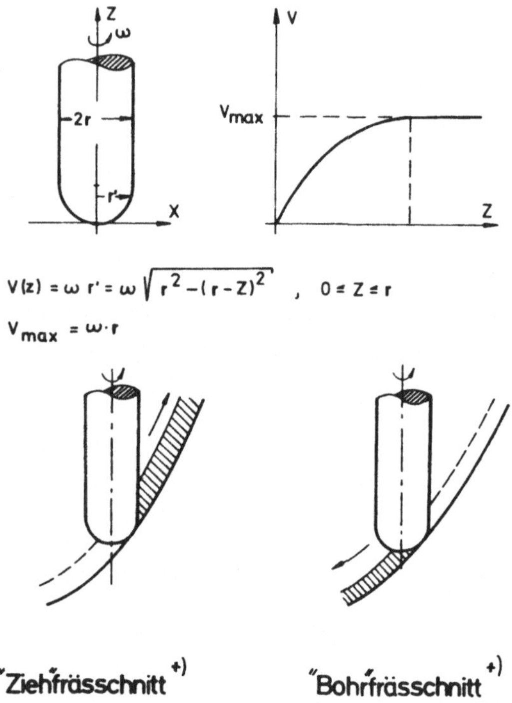

$$V(z) = \omega \, r' = \omega \sqrt{r^2 - (r-Z)^2} \quad , \quad 0 \leq Z \leq r$$

$$V_{max} = \omega \cdot r$$

Bild 5/12: Schnittverhältnisse am zylindrischen Gesenkfräser
mit runder Stirn beim Formfräsen.

+) Die Begriffe "Bohr"frässchnitt und "Zieh"frässchnitt wurden
   von [30] verwendet. Sie entsprechen nicht den Definitionen von
   DIN 8589, Blatt 1.

Bei Flächen, die nahezu senkrecht zur Werkzeugachse sind, läßt
sich diese Forderung nicht verwirklichen. Ansonsten ist das
Werkzeug so zu führen, daß möglichst im Ziehfrässchnitt und
nicht im Bohrfrässchnitt gearbeitet wird.

5.3.2.2 Bearbeitungszeit

Die zur Bearbeitung einer Fläche erforderliche Maschinenzeit
ist abhängig von den Verfahrwegen und den jeweiligen Vorschubgeschwindigkeiten. Die Verfahrwege unterteilen sich in Arbeitswege und Leerwege. Die Arbeitswege unterliegen den technologisch möglichen Vorschubgeschwindigkeiten. Die Leerwege können entweder mit der maximal möglichen Vorschubgeschwindigkeit
oder mit Eilganggeschwindigkeit durchfahren werden. Auf jeden
Fall ergeben sie eine Verlustzeit, die möglichst klein zu halten
ist.

Die Länge der Arbeitswege ist von dem vom Fräswerkzeug überdeckten Bogen s auf der Flächenkurve φ abhängig (Bild 5/13).

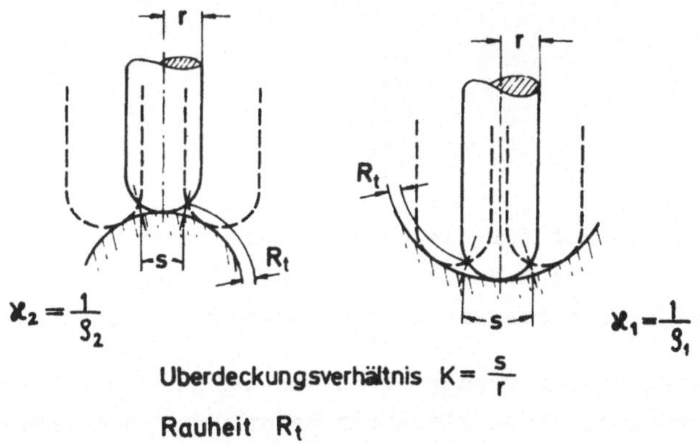

Bild 5/13: Definition des Überdeckungsverhältnisses K.

Die von der Fräszeile j mit der Länge l_j und n_j Bahnpunkten
überdeckte Teilfläche ermittelt man näherungsweise zu

$$F_j \approx l_j \cdot s_{M_j}$$

Je größer

$$s_{M_j} = \frac{1}{n_j} \sum_{i=1}^{n_j} s_i$$

wird, um so geringer wird die Anzahl der erforderlichen Fräsbahnen sein. Ist also z.B. l_j konstant, so kann dann eine minimale Zahl erforderlicher Fräsbahnen bestimmt werden, wenn immer

$$s_i = s_{i\ max}$$

ist. Dies ist der Fall, wenn z.B. die Rauheit R_t zwischen zwei
Fräszeilen immer dem maximal zulässigen Wert $R_{t\ max}$ entspricht
und die Krümmungsverhältnisse der Fläche im Normalprofilschnitt
möglichst denen des Fräswerkzeuges entsprechen.

Der Quotient

$$Q = \frac{\sum s_{i\ max}}{\sum s_i}$$

stellt also ein Maß für die Qualität der Fräsbahnbestimmung unter dem Gesichtspunkt der minimalen Arbeitswege dar. Je näher Q
bei 1 liegt, desto besser ist die erreichte Fräsbahnaufteilung.

Ein Fräswerkzeug mit runder Stirn und dem Radius r kann nur
Flächen erzeugen, deren kleinster negativer Krümmungsradius $\rho \geq -r$
ist. Wählt man zur Kennzeichnung der Krümmungsverhältnisse die
Krümmung $x = \frac{1}{\rho}$, so kann die Aussage getroffen werden, daß für
zunehmende Krümmungswerte x das Überdeckungsverhältnis K von
Fräswerkzeug und Fläche unter Beibehaltung einer vorgegebenen

Rauheit abnimmt (Bild 5/14).

$$K = \frac{s}{r}$$

Bringt man diese Bedingungen mit der in Kap.3.3.5 und 3.3.6 untersuchten Hauptkrümmungslinie in Zusammenhang, so wird klar, daß die Fortschreiterichtung in der Hauptkrümmungsrichtung des momentanen Tangentialpunktes liegen muß. Mit der gemachten Vereinbarung bezüglich des Vorzeichens des Krümmungsradius in diesem Punkt kann ausgesagt werden, daß die Fräszeilenrichtung der Hauptkrümmungsrichtung mit der maximalen Krümmung entspricht. Die kleinste Krümmung steht dazu senkrecht und bestimmt die maximal mögliche Überdeckung.

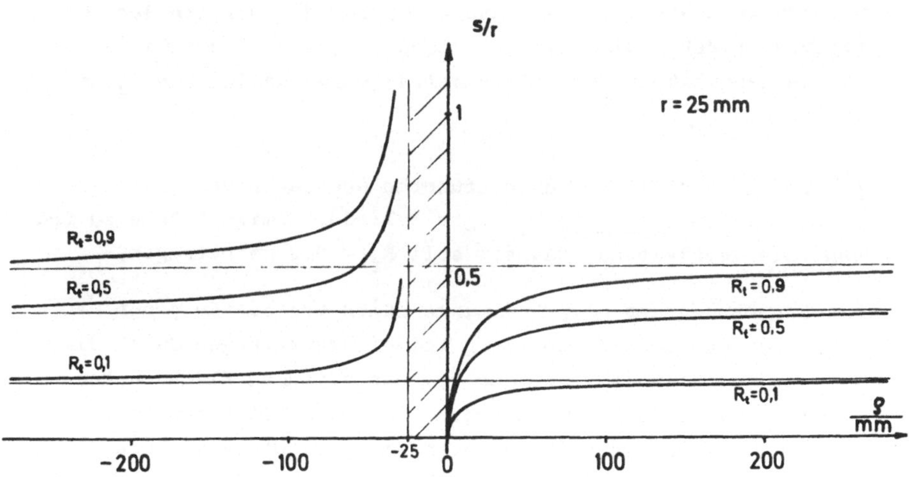

Bild 5/14: Überdeckungsverhältnis $K = \frac{s}{r}$ über ϱ.

Außerdem ist der Bogen s natürlich noch abhängig vom Radius r des Fräswerkzeuges. Je größer r, um so größer wird s sein, vorausgesetzt, daß für alle negativen Krümmungsradien $|\varrho| \leqq r$ erfüllt ist. Damit ist für Flächen, bei denen ein Hauptkrümmungsradius oder beide Hauptkrümmungsradien negativ sind, auch die Bedingung für das Fräswerkzeug mit dem größtmöglichen Ra-

dius aufgestellt. Man muß also nur in jedem Flächenpunkt die
beiden Hauptkrümmungsradien berechnen und erhält dann durch
den Betrag des kleinsten negativen Krümmungsradius den maximal möglichen Wert für r.

Sinnvollerweise wird man diese Berechnung nicht in jedem Flächenpunkt durchführen, sondern sich auf ausgewählte Punkte kon-
zentrieren. Führt man die Krümmungsradienberechnung erst bei der
Bestimmung der Fräszeilen durch, so kann nur noch nachgeprüft
werden, ob das gewählte Fräswerkzeug nicht zu groß bestimmt
wurde.

Eine andere Möglichkeit besteht darin, daß zuerst in einigen
ausgezeichneten Punkten (z.B. Mascheneck- oder Maschenmittel-
punkt) die Hauptkrümmungen berechnet werden und danach das maximal mögliche Werkzeug bestimmt wird. Für die meisten der zu fertigenden Flächen wird diese Berechnung jedoch überflüssig sein,
da die handelsüblichen Fräser selten einen Radius $r > 25$ mm
besitzen.

Ein Beispiel soll die durchgeführten Überlegungen verdeutlichen.
Es sei die in __Bild 5/15__ gezeigte zylinderförmige Fläche zu fräsen, die verbleibende Rauheit soll $R_t = 0,9$ mm betragen.

Die Berechnung der Hauptkrümmungsradien ergibt für ϱ nur Werte
$\varrho \geqq 0$, so daß das Fräswerkzeug keinen Begrenzungen durch die
Krümmungsverhältnisse auf der zu bearbeitenden Fläche unter-
liegt. Der größte Krümmungsradius in jedem Flächenpunkt ist
$\varrho_1 = \infty$, die dazugehörige Hauptkrümmungsrichtung ist die X-Achse.
Die Hauptkrümmungsrichtung mit dem kleinsten Krümmungsradius
steht darauf senkrecht. Es ist daher $\varrho_2 = R_1$. Als Fräswerkzeug
wird der größte handelsübliche Fräser mit $r = 25$ mm gewählt.

Beim Fräsen in Richtung der maximalen Krümmung und als Extrem
dazu in Richtung der kleinsten Krümmung ergibt sich nach Auf-
summierung der erforderlichen Arbeitswege ein Verhältnis

$$\frac{\sum l_j \ \text{entl. min. Krümmung}}{\sum l_j \ \text{entl. max. Krümmung}} = 2$$

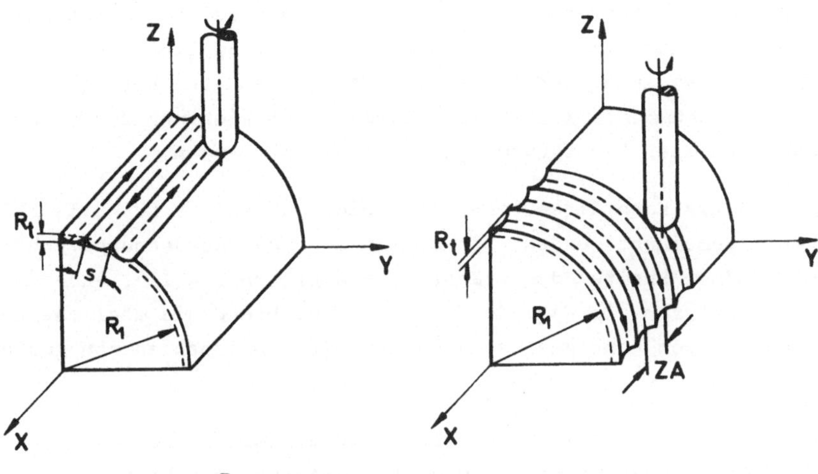

R_t = const.

Bild 5/15: Beispiel zum Krümmungslinienfräsen.

Dies bedeutet, daß bei Wahl der Fräsrichtung nach dem Gesichtspunkt der maximalen Flächenüberdeckung sich die Bearbeitungszeit bei diesem Beispiel auf ungefähr die Hälfte der erforderlichen Zeit beim anderen Extrem reduziert.

5.3.2.3 Anforderungen der Nachbearbeitung

Das durch die Fräsbearbeitung entstandene rillige Profil (Istprofil) muß durch Nachbearbeitung mittels handgeführter Schleifmaschinen noch abgetragen werden. Die Glättung, d.h. die Anpassung an die geometrisch-ideale Oberfläche geschieht dann normalerweise durch Bearbeiten der Fläche mit Schleifsteinen. Insgesamt gesehen ist dies eine recht mühselige und zeitaufwendige Bearbeitungsphase, die vom Verlauf der Fräszeilen, der Rauheit R_t

und dem Profilfehler P_F wesentlich beeinflußt wird. So ist es für
die manuelle Nachbearbeitung z.B. wesentlich günstiger, wenn der
Schleifstein auf mehrere Profilspitzen aufgesetzt werden kann
und nicht nur auf zwei oder drei tragenden Spitzen aufliegt. Des-
halb ist es auch hier wiederum günstig, wenn bei betragsmäßig
kleinen Krümmungsradien die Fräszeilen in Richtung der betragsmäßig kleinen Hauptkrümmungsradien gelegt werden.

Allerdings kann diese Erkenntnis nicht unbedingt für alle Fälle
verallgemeinert werden. Oft spielt auch das Ausdehnungsverhält-
nis (Länge/Breite) der Fläche eine maßgebende Rolle. Andererseits ist für die Wahl der Fräszeilenrichtung die mögliche Kombination von konkaven und konvexen Flächenelementen von großer
Bedeutung.

Ein weiterer wichtiger Faktor ist in der momentanen Auslastung
der vorhandenen Maschinen und der Kapazität der Nachbearbeitung
zu sehen. Stellt die Maschinenkapazität einen Engpass dar, so
wird man versuchen, die Fräsbahnen nach den Gesichtspunkten der
kürzesten Bearbeitungszeiten zu legen. Andererseits kann bei ge-
nügender Maschinenkapazität der Aufwand der Nachbearbeitung
durch eine vermehrte Zahl der Fräszeilen verringert werden.

5.3.2.4 Einfluß der Rechenverfahren auf den Fräsbahnverlauf

Das vierte Kriterium für die Bestimmung des Fräsbahnverlaufes
war die Forderung, die notwendigen Rechenverfahren unter dem
Aspekt der Wirtschaftlichkeit zu konzipieren. Darunter ist zweier-
lei zu verstehen:

Ergeben sich aus den drei vorausgehend behandelten Anforderungen eindeutige Aussagen bezüglich des Fräsbahnverlaufes, so sind möglichst optimale Rechenmethoden dafür zu bestimmen.

Ergibt sich kein eindeutiger Zusammenhang für den Verlauf
der Fräszeilen, so ist der gewählte Fräsbahnverlauf mit
mathematisch und rechentechnisch einfachen Mitteln zu bestimmen.

Während das Kriterium der minimalen Verfahrwege eindeutig zu
den Krümmungslinien als Fräszeilen führt, kann für die Kriterien der Nachbearbeitung und Technologie kein eindeutiger Zusammenhang zu einer Flächenkurve ermittelt werden. Soll der
Fräsbahnverlauf jedoch diese Gesichtspunkte berücksichtigen,
so empfiehlt es sich, die Hauptfräsrichtung manuell zu bestimmen und die erforderlichen Tangentialpunkte zwischen Werkzeug
und Fläche durch den Schnitt der Fläche mit einer die Hauptfräsrichtung repräsentierenden Ebene zu ermitteln.

Dieses Verfahren ist einfach zu beherrschen und vor allem zur
Berechnung des Fräszeilenabstandes ebenfalls erforderlich
(vgl. Kap.5.2.1.1). Der Abstand der einzelnen Schnittebenen
wird durch die Krümmung der Fläche bestimmt. Das Kriterium der
konstanten Rauheit ist damit allerdings nicht mehr unbedingt
entlang der gesamten Fräszeile garantiert.

Die einfachste Methode einer Fräsbahnberechnung würde jedoch darin bestehen, daß die Bahn des Fräswerkzeuges einer u- oder
v-Linie entspricht [8]. Mit der Definition der Fläche wird dabei gleichzeitig der Verlauf der Fräsbahnen bestimmt. Dies zu
vermeiden ist jedoch das erklärte Ziel dieser Arbeit und damit
scheidet dieses Verfahren für die weiteren Betrachtungen aus.

5.3.3 Berechnung der Stützpunkte einer Fräsbahn

Beim Nachformfräsen einer Fläche bewegt sich der Nachformfühler
stetig auf der geometrisch-idealen Oberfläche des Modells. Damit wird auch das gesteuerte Fräswerkzeug die zu fertigende
Fläche tangential berühren, d.h. der Talgrund einer Fräsrille
entspricht dem exakten Verlauf der geometrisch-idealen Fläche.
Diese Tatsache stellt eine wesentliche Erleichterung für die
manuelle Nachbearbeitung dar.

Will man beim NC-Fräsen ebenfalls erreichen, daß der Talgrund
einer Fräsrille eine Kurve auf der geometrisch-idealen Fläche
darstellt, so müssen die Tangentialpunkte des Werkzeugweges
sehr dicht bestimmt werden. Soll z.B. die Abweichung von der

geometrisch-idealen Oberfläche theoretisch nicht mehr als
0,1 mm betragen, so muß alle 0,1 mm ein Stützpunkt ausgegeben
werden (äußere Datenverarbeitung). Dies ist jedoch wie in
Kap.5.3 bereits ausgeführt, beim Einsatz des Lochstreifens als
Informationsträger nicht durchführbar.

Der einfachste Schritt zur Datenreduktion ist daher der Einsatz eines Interpolators zur Interpolation zwischen vorgegebenen Stützpunkten auf der geometrisch-idealen Fläche. Die Anzahl dieser Stützpunkte richtet sich nach der Interpolations-
art und nach der maximal erlaubten Abweichung von der geometrisch-idealen Oberfläche.

5.3.3.1 Berechnung der Stützpunkte bei Linearinterpolation

Wie in Kap.5.3 erläutert, muß den Interpolatoren der inneren
Datenverarbeitung die Werkzeugbahn in Form einer Punktfolge an-
geboten werden. Die Abstände zwischen diesen Punkten sind durch
die maximal zulässige Abweichung der entstehenden Istkontur von
der geometrisch-idealen Oberfläche bestimmt. Die Aufgabe der
Stützpunktberechnung kann also wie folgt beschrieben werden:

Ausgehend von einem bekannten Tangentialpunkt $TP_1(u_1,v_1)$
auf der geometrisch-idealen Oberfläche wird auf einer Schnittkurve $\mathcal{C}$ ein weiterer Punkt $TP_2(u_2,v_2)$ gesucht und zwar so,
daß bei Linearinterpolation zwischen diesen beiden Punkten
die vom Fräswerkzeug auf der Fräsbahn hinterlassene Fräsrille höchstens um den Betrag von $h_{theor.}$ von der geometrisch-idealen Fläche abweicht.

Während bei der Berechnung des Fräszeilenabstandes die Aufgabe
auf ein 2-dimensionales Problem (im Normalprofilschnitt) zu-
rückgeführt werden konnte, muß die Berechnung des Stützpunkt-
abstandes im allgemeinen im Raum behandelt werden.

Zur besseren Erläuterung der Problematik wird im folgenden die
Berechnung der Abweichung h zuerst in einem ebenen Spezialfall

- 85 -

(Zylinderfläche, Achse des Zylinders parallel zur Y-Achse) durchgeführt (Bild 5/16).

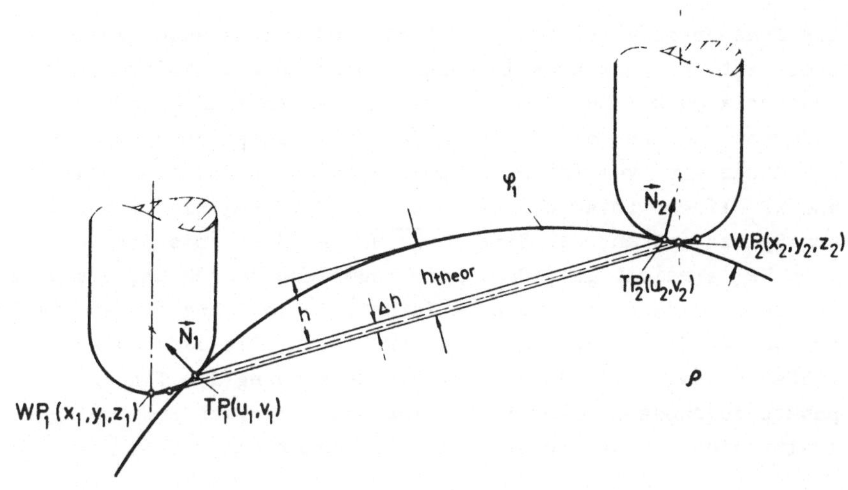

<u>Bild 5/16:</u> Berechnung eines weiteren Bahnpunktes in einem ebenen
Spezialfall.

Die Werkzeugachse und die Flächennormalen liegen dabei in einer
Ebene.

Bekannt ist $TP_1(u_1,v_1)$ und $TP_2(u_2,v_2)$ und damit auch die Flächennormalen $\vec{n}_1$ und $\vec{n}_2$ in diesen Punkten. Die Position der Werkzeugspitze berechnet man über die Koordinaten der Tangentialpunkte
und den Kosinus der Flächennormalen.

Es gilt dann:

$$x_{WP} = x_{TP} + r \cdot \cos \alpha$$

$$y_{WP} = y_{TP} + r \cdot \cos \beta \qquad (5,8)$$

$$z_{WP} = z_{TP} + r \cdot (\cos \gamma - 1)$$

Bei einem Werkzeug mit r = 0 würde die entstehende Abweichung dem Abstand zwischen der Schnittkurve (ideell als Kreisbogen mit Radius ϱ angenommen) und der Geraden durch TP_1 und TP_2 entsprechen.

Das Fräswerkzeug besitzt jedoch eine räumliche Ausdehnung und somit ist der Werkzeugspitzenpunkt normalerweise nicht mehr Tangentialpunkt. Auf dem Steuerlochstreifen sind jedoch die Informationen für die Position der Werkzeugspitze enthalten und daher wird vom Interpolator zwischen den Positionen WP_1 und WP_2 linear interpoliert, d.h. das Werkzeug wird mit seiner Spitze entlang der Strecke $\overline{WP_1WP_2}$ geführt, bis die Position WP_2 erreicht ist. Durch die räumliche Ausdehnung des Werkzeuges wird dann das erzeugte Istprofil eine Tangente an die Kontur des Werkzeuges in WP_1 und WP_2 sein. Die dadurch entstehende Abweichung $\varDelta h$ von dem der Berechnung der Tangentialpunkte zugrunde gelegten Wert h läßt sich einfach ermitteln. Es ergibt sich für den zusätzlichen Fehler $\varDelta h$

$$\varDelta h \;=\; \frac{r}{\varrho} \cdot h$$

Für den bei der Berechnung von TP_2 gültigen Grenzwert ergibt sich dann

$$h \;=\; h_{theor.} \cdot (1 - \frac{r}{\varrho})$$

Entsteht die Fräszeile durch einen Schnitt der Fläche mit einer Ebene, so kann ein Punkt $TP_2(u_2, v_2)$ z.B. nach der in Kap.5.2.1 beschriebenen Methode der schrittweisen Näherung berechnet werden. Nach jedem Schnitt wird dann nachgeprüft, ob die maximal zulässige Abweichung h überschritten worden ist.

Im Normalfall liegen die Werkzeugachsen und die Flächennormalen n_1 und n_2 nicht in einer Ebene. Das bedeutet, daß die Tangentialpunkte irgendwo auf der Kugelform des Fräswerkzeuges liegen. Zur Berechnung des entstehenden Konturfehlers bei der Bewegung des Werkzeuges von WP_1 nach WP_2 muß daher die Fläche $\varPhi$

mit einem Zylinder vom Radius r und der zum Vektor $\overrightarrow{M_1M_2}$ parallelen Achse geschnitten werden. Der größte Abstand eines Punktes der geometrisch-idealen Fläche von der durch die Werkzeugbewegung entstandenen Zylinderfläche im Bereich zwischen TP_1 und TP_2 stellt dann die Abweichung von der geometrisch-idealen Fläche dar.

Aufgrund der komplexen Darstellung der Fläche läßt sich diese Aufgabe nicht geschlossen lösen. Da die Berechnung der Tangentialpunkte sowieso nur iterativ durchgeführt werden kann, ist eine derartig aufwendige Berechnung der Flächenabweichung auch nicht zu rechtfertigen.

Eine bessere, wenn auch von der Anzahl der Rechenschritte aus gesehen verhältnismäßig umfangreiche Berechnung, die sich aufgrund ihrer iterativen Arbeitsweise jedoch sehr gut für die Berechnung auf einer EDVA eignet, wird im folgenden vorgeschlagen.

Ausgehend von Punkt $P_1(u_1,v_1)$ wird schrittweise, wie bei der Berechnung des Zeilenabstandes, Punkt für Punkt berechnet. In jedem dieser "echten" Bahnpunkte wird die theoretisch richtige Fräserstellung ermittelt. Ist die Zahl der berechneten Punkte $n \geqslant 3$, so wird nach jeder Punktberechnung für alle Punkte $WP_i (2 \leqq i \leqq n - 1)$ der Abstand von der angenäherten Werkzeugbahn, der Geraden durch WP_i und WP_n, ermittelt <u>(Bild 5/17)</u>. Errechnet sich ein maximaler Abstand h_{max} so, daß $|h_{theor.}| - |h_{max}| \leqq \varepsilon$ ist, so wird die Berechnung unterbrochen und Punkt WP_{n-1} als TP_2 eingetragen. Der ermittelte Abstand der idealen Werkzeugspitzenposition von der Interpolationskurve (hier eine Gerade durch WP_1 und WP_n), entspricht jedoch nicht unbedingt dem verursachten Konturfehler. Er stellt aber in jedem Fall den maximal möglichen Fehler dar und wird deshalb als Kriterium benützt.

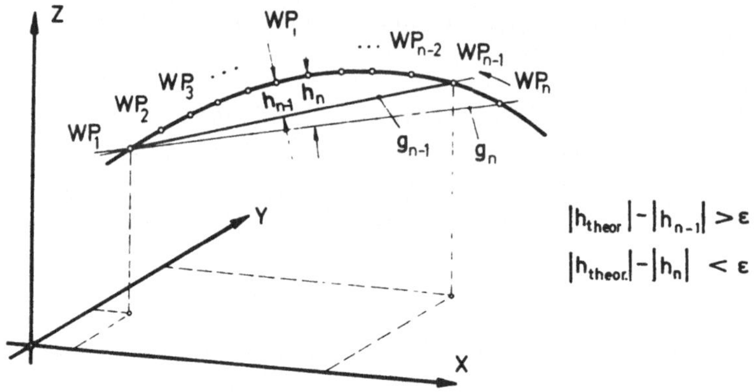

$h_{n-1}; h_n \ldots$ max. Abstand des Punktes WP_i von $g_{n-1}; g_n$

Bild 5/17: Berechnung des Bahnpunkts bei nachfolgender Linearinterpolation.

5.3.3.2 Berechnung der Stützpunkte bei Parabelinterpolation

Etwas günstiger als die Linearinterpolation wirkt sich auf die
Reduzierung der erforderlichen Stützpunkte sowie auf den glatten
Verlauf der Fräsbahn die sogenannte Parabelinterpolation aus.
Zwischen zwei oder drei Bahnpunkten legt man dabei eine Raumkurve und versucht die Werkzeugspitze auf dieser Bahn zu bewegen. Die Gleichung dieser Raumkurve in Parameterdarstellung
lautet z,B,

$$x = a_0 + a_1 w + a_2 w^2$$

$$y = b_0 + b_1 w + b_2 w^2$$

$$z = c_0 + c_1 w + c_2 w^2$$

Die Koeffizienten a_i, b_i und c_i lassen sich auf verschiedene
Arten bestimmen. Einige der wichtigsten Methoden seien kurz
aufgeführt (vgl. Bild 5/11):

Interpolation zwischen zwei Punkten

Bei der Interpolation zwischen zwei Punkten werden zur
Koeffizientenberechnung die Bahntangenten in diesen Punkten
benötigt.

Berechnung der Koeffizienten bereits bei der Bahnpunktberechnung. Dies ergibt für n Bahnpunkte $I = (n-1) \cdot 6$
zusätzliche Informationen, die auf dem Lochstreifen noch
zusätzlich untergebracht werden müssen.

Berechnung eines Teils der Koeffizienten bei der Bahnpunktberechnung. Explizite Berechnung der Koeffizienten
durch einen Koeffizientenrechner der Steuerung. Zusätzliche Informationen auf dem Lochstreifen $I = (n-1) \cdot 3$.

Berechnung aller Koeffizienten im Steuerungsrechner.

Interpolation zwischen drei Bahnpunkten

Berechnung der Koeffizienten bei der Bahnpunktberechnung.
Zusätzliche auf dem Lochstreifen unterzubringende Informationen bei n Bahnpunkten $I_{max} = n \cdot 3$.

Berechnung der Koeffizienten im Steuerungsrechner.

Bei der Berechnung der erforderlichen Bahnpunkte müssen die Anforderungen der Steuerung an den Datenbestand sowie die Art der
inneren Verarbeitung dieser Daten bekannt sein. Denn nur dann
kann vom Rechnerprogramm entschieden werden, wo ein Stützpunkt
der Fräsbahn berechnet und auf dem Steuerlochstreifen ausgegeben werden muß.

Da es nicht die Aufgabe dieser Arbeit ist, das bestmögliche In-
terpolationsverfahren zu bestimmen, wird im folgenden, um den
Gang der Bahnpunktberechnung zu erläutern, angenommen, daß die
Steuerung zwischen jeweils drei Bahnpunkten entlang einer Raum-

kurve interpoliert. Es wird also z.B. zwischen den Punkten
P_1, P_2, P_3 und anschließend zwischen P_3, P_4, P_5 usw. interpoliert. Dadurch ist im Gegensatz zu der Interpolationskurve
durch zwei Punkte, die zur Koeffizientenbestimmung die Tangenten in diesen Punkten benötigt, keine Stetigkeit der Fräserbahn in der 1. Ableitung gesichert.

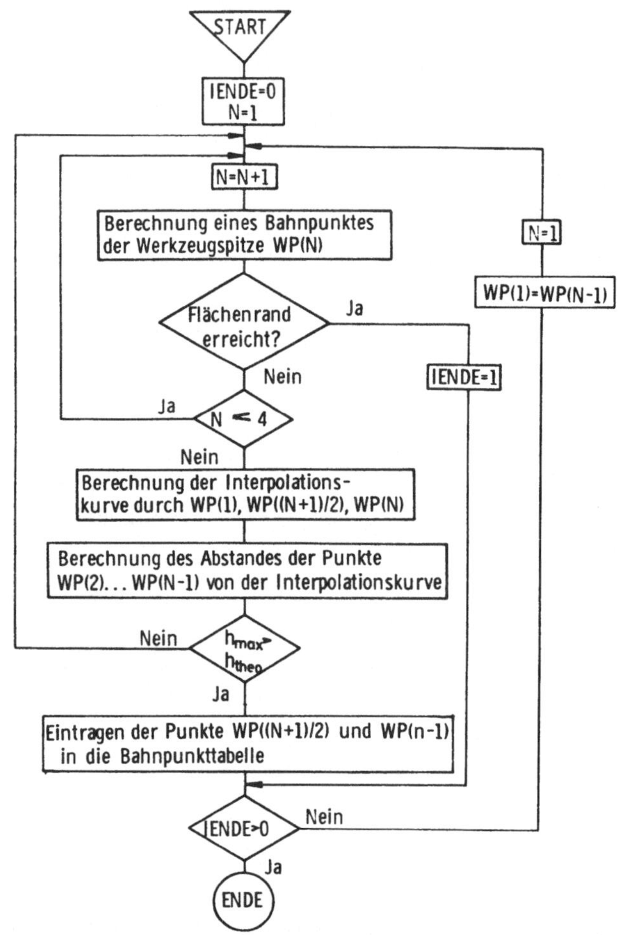

<u>Bild 5/18:</u> Ablaufplan zur Berechnung der Bahnpunkte bei para-
bolischer Interpolation.

Die Berechnung der Stützpunkte erfolgt analog zur Stützpunktberechnung bei Linearinterpolation mit der Ausnahme, daß an-
stelle der Geraden durch WP_1 und WP_i eine Raumkurve durch
WP_1, $WP_{(n-1)/2}$ und WP_n gelegt wird. Überschreitet der Abstand
zwischen Raumkurve und der Verbindung der berechneten Zwischen-
punkte die Toleranz, so wird $WP_{n/2}$ und WP_{n-1} in die Stützpunkt-
tabelle eingetragen. WP_{n-1} wird gleich WP_1 gesetzt und die beschriebene Berechnung zur Bestimmung eines weiteren Bahnpunktes
durchgeführt (Bild 5/18).

5.3.3.3 <u>Berechnung des Tangentialpunktes zwischen Fläche und Werkzeug bei vorgegebenen x,y-Werten der Werkzeugachse</u>

Bei den vorausgegangenen Verfahren wurde immer davon ausgegangen, daß zuerst die Position des Tangentialpunktes zwischen
Werkzeug und Fläche zu bestimmen ist. Dabei wurde vorausgesetzt,
daß zwei aufeinander folgende Tangentialpunkte, also z.B. TP_n
und TP_{n+1}, in einer die Fläche schneidenden Ebene liegen. In
jedem Punkt der durch diesen Schnitt entstehenden Flächenkurve
kann die Flächennormale und mit Gl.5,8 die Werkzeugspitzenposition berechnet werden.

Dies stellt im Normalfall eine günstige Aufgabenstellung dar,
doch kann es in besonderen Fällen erforderlich sein, daß bei
bekannter x,y-Position der Werkzeugspitze der zugehörige z-Wert
sowie die Koordinaten (u,v) des Tangentialpunktes mit der Fläche berechnet werden müssen. Ist z.B. eine Fläche durch eine
zylinderförmige Wand begrenzt, so kann diese Begrenzung als
DRIVE SURFACE angesehen werden, an welcher das Werkzeug entlang geführt werden muß. Die gekrümmte Fläche wird dann zur
PART SURFACE und bestimmt zu vorgegebenen x,y-Werten die z-Position der Werkzeugspitze.

<u>Bild 5/19</u> zeigt die Problemstellung und den Lösungsansatz:

$$\vec{W}_M = \vec{P} + \vec{n} \cdot r$$

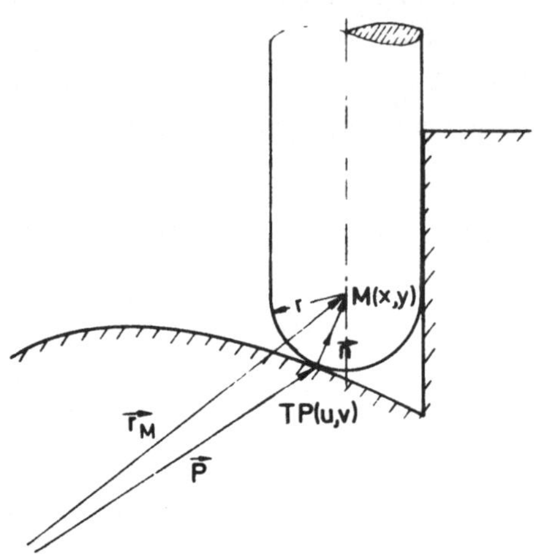

<u>Bild 5/19:</u> Vektordarstellung zur Berechnung der (u,v)-Koordi-
naten des Tangentialpunktes TP(u,v).

$\vec{r}_M$ ist der Vektor zum Mittelpunkt der Fräserspitzenkugel,
$\vec{P}$ der Vektor zum Tangentialpunkt TP, $\vec{n}$ die Flächennormale in
TP und r der Fräserradius,

Für die Komponenten des Vektors $\vec{r}_M$ gilt

$$x_M = x_{TP} + x_n \cdot r$$

$$y_M = y_{TP} + y_n \cdot r$$

$$z_M = z_{TP} + z_n \cdot r$$

Damit läßt sich für einen zu berechnenden Mittelpunkt M ein

nicht lineares Gleichungssystem in u und v aufstellen:

$$x_{M_1} = x_{TP_1}(u,v) + x_{n_1}(u,v) \cdot r$$

$$y_{M_1} = y_{TP_1}(u,v) + y_{n_1}(u,v) \cdot r \qquad (5,9)$$

Ist jedoch ein in der Nähe liegender Ausgangspunkt M_1 mit den zugehörigen Gaußschen Koordinaten des Punktes TP_1 bekannt, so gilt

$$f(u_1,v_1) = x_{M2} - x_{M1}(u_1,v_1) \doteq 0$$

$$g(u_1,v_1) = y_{M2} - y_{M1}(u_1,v_1) \doteq 0 \qquad (5,10)$$

Damit läßt sich zur Lösung der Aufgabe wiederum das in Kap.5.2.1.3.2 beschriebene Newtonsche Verfahren für mehrere Veränderliche anwenden (Gl.5,7).

6. Ergebnis der Untersuchungen

Die durchgeführten Untersuchungen zur E r m i t t l u n g
d e r   e r f o r d e r l i c h e n   F r ä s z e i l e n lassen sich in zwei Komplexe unterteilen:

Berechnung des Abstandes zweier nebeneinander liegender Fräszeilen in Abhängigkeit von R_t oder P_F.

Bestimmung des Fräszeilenverlaufes und Berechnung der erforderlichen Stützpunkte in Abhängigkeit von der erlaubten Toleranz und dem von der einzusetzenden Steuerung praktizier-
ten Interpolationsverfahren.

Für beide Aufgaben wurden verschiedene Lösungen entwickelt und
gegeneinander abgewogen. Vernachlässigt bzw. unberücksichtigt
blieb dabei die Tatsache, daß die normalerweise zu bearbeitenden Flächen aus einer großen Zahl kleiner Einzelflächen (Maschen)
zusammengesetzt sind. Jede dieser Maschen besitzt ihren eigenen
Parameterbereich ($o \leqq u \leqq 1$, $o \leqq v \leqq 1$). Das bedeutet, daß z.B. bei
der Berechnung eine Fräszeile, die durch mehrere Maschen ver-
läuft, einer oder beide Parameter (u,v) Werte außerhalb ihres
Definitionsbereiches annehmen können. Ist dies der Fall, so muß
vom Programm geprüft werden, ob eine Flächenbegrenzung erreicht
worden ist oder ob die Fräszeile nur in einer anderen Masche
fortgesetzt werden muß. Auf jeden Fall muß der Schnitt der Fräszeile mit dem Maschenrand ermittelt sowie die dazugehörigen
u,v-Werte und die Richtung der Fräszeile abgespeichert werden.
Wird die Fräszeile in einer weiteren Masche fortgesetzt, so muß
diese Masche ermittelt, ihre Koeffizienten übernommen und der
Anfangswert der Parameter u,v sowie die Fortschreiterichtung bestimmt werden. Die entwickelten Rechnerprogramme wurden durch
diese Problematik mit sehr großen Verwaltungsaufgaben belastet,
die umfangmäßig die eigentlichen Rechenverfahren zum Teil weit
übertreffen.

Der A b s t a n d   z w e i e r   F r ä s z e i l e n wird
in einem Normalprofilschnitt ermittelt und berechnet sich über

die Entfernung der Tangentialpunkte TP_1 und TP_2 sowie über die
Steigung der Verbindungsgeraden durch diese beiden Punkte
(Gl.5,5). Die Entfernung der beiden Tangentialpunkte ist abhängig von R_t bzw. P_F und der Krümmung der Schnittkurve φ_1 zwischen TP_1 und TP_2. Bild 5/10 zeigt die Abhängigkeit der Strecke
$\overline{TP_1TP_2} = E_T$ vom Krümmungsradius ϱ der Schnittkurve. Die Auswertung ergibt, daß schon bei relativ kleinen Krümmungsradien der
Abstand der Tangentialpunkte E_T, und damit verknüpft der Zeilenabstand ZA, nicht mehr wesentlich vergrößert werden kann.
Für ϱ = 1000 mm erhält man bei Berücksichtigung der Flächenkrümmung E_M=10,07mm (Bild 5/8). Demgegenüber beträgt der Wert
E_M = 9,95 mm, es ergibt sich also eine Differenz von
$\varrho \to \infty$

$$E_M - E_{M \atop \varrho \to \infty} = \quad 0,12 \text{ mm}$$

Dies entspricht einem relativen Fehler von 1,2 % oder z.B. 85
anstatt 84 Fräsbahnen.

Maßgebend für den V e r l a u f d e r F r ä s z e i l e n
sind:

   die Bearbeitungszeit

   die Anforderungen der Technologie
      Vorschub
      Schnittgeschwindigkeit
      technologisch richtiger Einsatz des Werkzeuges

   die Nachbearbeitung.

Die Anforderungen der Technologie müssen sich normalerweise
denen der Bearbeitungszeit und der Nachbearbeitung unterordnen.
Zwar wird man versuchen, durch Wahl eines geschickten Bearbei-
tungsmodus die Belange der Technologie zu berücksichtigen, entscheidend können sie jedoch nur dann sein, wenn die Fräszeilen
extreme Bohrschnittoperationen darstellen würden.

Die B e a r b e i t u n g s z e i t   hingegen ist wie in
Kap.5.3.2.2 gezeigt wurde, wesentlich vom Verlauf der Fräszei-
len abhängig. Dies gilt insbesondere dann, wenn beide Haupt-
krümmungsradien in allen Flächenpunkten sehr unterschiedliche
Werte annehmen. Aber auch hier gilt wiederum die Einschränkung,
daß z.B. bei Krümmungsradien im Bereich $|\varrho| > 1000$ mm sich das
Überdeckungsverhältnis K nicht mehr wesentlich ändert.

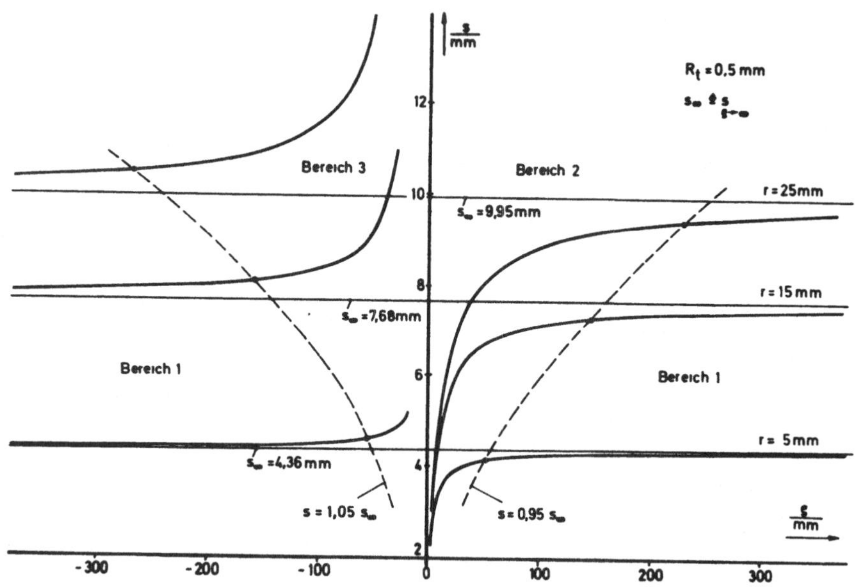

<u>Bild 6/1</u>: Abhängigkeit des Bogens s vom Fräserradius r und vom
Krümmungsradius ϱ .

Daher kann die Forderung nach maximaler F l ä c h e n ü b e r -
d e c k u n g   und dadurch die Bestimmung der F r ä s z e i -
l e n r i c h t u n g   nach dem Verlauf der Krümmungslinien
nicht immer aufrecht erhalten werden. Trägt man z.B. wie in
<u>Bild 6/1</u> gezeigt über dem Krümmungsradius den vom Fräswerkzeug
überdeckten Bogen s in Abhängigkeit vom Fräserradius auf, so erhält man ein Diagramm, das durch die gestrichelten Linien und

die Abszisse in drei typische Bereiche zerfällt.

<u>Bereich 1:</u>

Bei einer Änderung von ϱ ändert sich der Bogen s nicht wesentlich. Daraus folgt, wenn beide Hauptkrümmungsradien in einem Punkt im Bereich 1 liegen, läßt sich durch die Auswahl einer bestimmten Fräszeilenrichtung keine wesentlich günstigere Bearbeitungsbreite erreichen. Die Fräszeilenrichtung und ihr Verlauf kann in diesem Fall unabhängig vom Verlauf der Krümmungslinien bestimmt werden.

<u>Bereich 2 und 3:</u>

Oberhalb der 5 %-Fehlerlinie (s = 0,95$s_{\varrho \to \infty}$ bzw. s = 1,05 $s_{\varrho \to \infty}$) ist s stark abhängig von ϱ . Liegen beide Hauptkrümmungsradien in diesem Bereich, so bestimmt die Hauptkrümmungsrichtung mit der größten Krümmung $x = \frac{1}{\varrho}$ den Verlauf der Fräszeilen. Liegt nur einer der Krümmungsradien im Bereich 2 oder 3, so stellt die zugehörige Hauptkrümmungsrichtung auf jeden Fall die Richtung des Fräszeilenverlaufes dar.

Ein Nachteil des Fräsens entlang der Hauptkrümmungslinie ist der, daß normalerweise nur eine Fräsbahn einer Hauptkrümmungslinie entsprechen kann. Wie die Erfahrung gezeigt hat, ist es sehr unwahrscheinlich, daß die daneben liegenden Fräsbahnen, die z.B. nach dem Kriterium der konstanten Rauheit berechnet werden, ebenfalls noch Hauptkrümmungslinien sind. Wird also die Lage der ersten Fräsbahn ungünstig gewählt, so kann es sein, daß die in einigem Abstand danebenliegenden Fräszeilen keineswegs mehr das Kriterium der maximalen Überdeckung erfüllen.

Die Anforderungen der   N a c h b e a r b e i t u n g   bezüglich des Fräszeilenverlaufes sind in einem Rechnerprogramm nur unzulänglich zu erfassen, zumal mit der Wahl der 1. Fräsbahn praktisch der Verlauf der restlichen Bahnen bestimmt ist. Variiert kann dann nur noch die erlaubte Rauheit R_t bzw. der Profilfehler P_F werden.

6.1 Auswertung der Ergebnisse

Die Bestimmung des Fräszeilenabstandes wurde anhand eines zylindrischen Gesenkfräsers mit runder Stirn durchgeführt. Dabei
konnten Kriterien gefunden werden, nach denen der optimale Abstand zweier nebeneinander liegender Fräszeilen berechnet werden kann. Die entwickelten Verfahren können auch auf Fräser an-
derer Gestalt, z.B. zylindrische Gesenkfräser mit gerader Stirn,
übertragen werden. Dazu ist es nur erforderlich, daß die Kurven φ_2 und φ_3 im Normalprofilschnitt (Bild 5/3) durch die
entsprechenden, von der Gestalt des Fräswerkzeuges abhängigen
Kurven ersetzt werden.

Das Hauptkriterium und mathematisch gut erfaßbar ist bei der
Bestimmung des Fräsbahnverlaufes die Bedingung der minimalen
Verfahrwege. Auch hier konnten die entscheidenden Faktoren er-
mittelt und Wege zur Berechnung des Fräsbahnverlaufes sowie der
Zahl der erforderlichen Bahnpunkte gefunden werden.

Im Gegensatz zum Fräszeilenabstand und dem Verlauf der Fräszeilen bei minimalen Verfahrwegen, können bei der Ermittlung
des Fräszeilenverlaufes die Anforderungen der Technologie und
der Nachbearbeitung nur teilweise objektiv und allgemeingültig
erfasst werden. Aber gerade diese Entscheidungen können bei einer Begutachtung der Bearbeitungsaufgabe durch einen erfahrenen
Praktiker oft in Sekunden getroffen werden.

Diese Erkenntnis auf die Programmierung von NC-Maschinen zur
Bearbeitung gekrümmter Flächen übertragen, führt zu folgendem
Schluß:

> Obwohl der Gedanke an ein System möglichst hoher Automati-
> sierung bestechend ist, muß bei der Konzeption eines derar-
> tigen Programmsystems auf die beschränkten Möglichkeiten der
> potentiellen Anwender in Bezug auf Rechenkosten und qualifi-
> ziertes Personal Rücksicht genommen werden.

Wie die Entwicklung und der Einsatz verschiedener Programmiersprachen hoher Automatisierung gezeigt haben, können die enormen

Entwicklungskosten derartiger Programme von einem oder einigen wenigen Anwendern nicht aufgebracht werden. Zudem stellt sich heraus, daß selbst die Anwender hoch entwickelter Programmiersysteme immer wieder versuchen, die ihnen gebotene Automatisierung zu umgehen und ihre eigene Erfahrung und Problematik im Programm besser berücksichtigt sehen wollen. So gesehen ist eine vollautomatische Bestimmung der erforderlichen Fräswerkzeuge, die Reihenfolge ihres Einsatzes und die Berechnung der Fräsbahnen in der Theorie zwar sehr interessant, in der Praxis jedoch oftmals von untergeordneter Bedeutung.

Unter Berücksichtigung all dieser, oft subjektiver Anforderungen wird zur Fräsbearbeitung gekrümmter Flächen ein Programmsystem vorgeschlagen, das die sich aus dieser Arbeit ergebenden Folgerungen erfüllt:

In den seltensten Fällen ist es möglich, die gesamte Oberfläche eines großen Werkstücks in einem Zug so zu bearbeiten, daß sowohl die Belange der Technologie als auch die wirtschaftlichen Aspekte voll berücksichtigt werden. An die Flächendarstellung ist daher die Forderung nach einer flexiblen Unterteilungsmöglichkeit der gesamten Fläche zu stellen. Ist dies möglich, so können einzelne Flächenbereiche nach verschiedenen Methoden und in voneinander unabhängigen Reihenfolge bearbeitet werden. Rüstet man die Maschine zusätzlich zu den translatorischen noch mit rotatorischen Achsen am Werkstückträger aus, so kann man die geschaffenen Teilflächen in eine für die Bearbeitung günstige Position bringen. Dies setzt jedoch voraus, daß neben der Unterteilungsmöglichkeit in verschiedene Teilflächen, eine Transformation der mathematischen Beschreibung der Fläche möglich sein muß.

Der Verlauf der Fräszeile läßt sich, wie bereits mehrfach ausgeführt, nach den verschiedensten Gesichtspunkten bestimmen. Eine automatische Bestimmung durch ein Programm ergibt entweder kein Optimum oder es erfüllt nicht alle zu berücksichtigenden Punkte. Es wird daher vorgeschlagen, daß

vom Teileprogrammierer der Verlauf der Fräszeilen in etwa
vorbestimmt wird. Dies kann durch Vorgabe einer die erste
Fräserbahn repräsentierenden Schnittebene erfolgen, die z.B.
nach dem Kriterium der maximalen Überdeckung bestimmt wurde.
Für die Berechnung der sich neben diese "Urfräszeile" an-
schmiegenden weiteren Fräszeilen sowie für ihren Durchlau-
fungssinn sind dann verschiedene Möglichkeiten vorzusehen.

Eine laufende Korrektur der Vorschubgeschwindigkeit, entsprechend den vorgegebenen Bearbeitungsbedingungen entlang
einer Fräszeile, ermöglicht optimale Bearbeitungszeiten.
Dies ist möglich, da sowohl der Tangentialpunkt auf der Kontur des Fräswerkzeuges als auch der jeweilige Bewegungsvek-
tor bekannt ist. Bei der Berechnung der Bahnpunkte einer
Fräszeile kann also zugleich ein Vorschubfaktor ermittelt
werden, mit dem die maximale Vorschubzahl multipliziert wird.
In Ermangelung zerspanungstechnischer Untersuchungen bei Ge-
senkfräsern ist zu empfehlen, diese Werte im Versuch zu ermitteln und tabellarisch oder als Funktion im Programm fest-
zuhalten.

Der beliebige Verlauf der Fräszeilen sowie die Möglichkeit
der laufenden Vorschubkorrektur sind bei der Bewertung nach
rein technologischen Gesichtspunkten zwei der wesentlichsten
Pluspunkte des NC-Fräsens. Hinzu kommt noch, daß die zeitliche Reihenfolge der Bearbeitung der einzelnen Fräszeilen
leicht manipuliert werden kann. Der bei der Nachformfräsma-
schine feste Zyklus des Pendelfräsens, mit und ohne Eilrücklauf, kann somit durch verschiedene beliebige Varianten ersetzt werden, da für die entstehende rillige Oberfläche der
zeitliche Ablauf der Bearbeitung unwesentlich ist.

Aus dieser Überlegung heraus wurde ein neues Fräsverfahren
entwickelt. Bei dieser Methode, im folgenden "Schleifenfräsen" genannt, können Flächen, die beim üblichen Zeilenfräsen, um Bohrschnittoperationen zu vermeiden, im Pendel-
fräsverfahren mit Eilrücklauf bearbeitet werden müssen, ohne
wesentliche technologische Nachteile in einem dem Pendel-

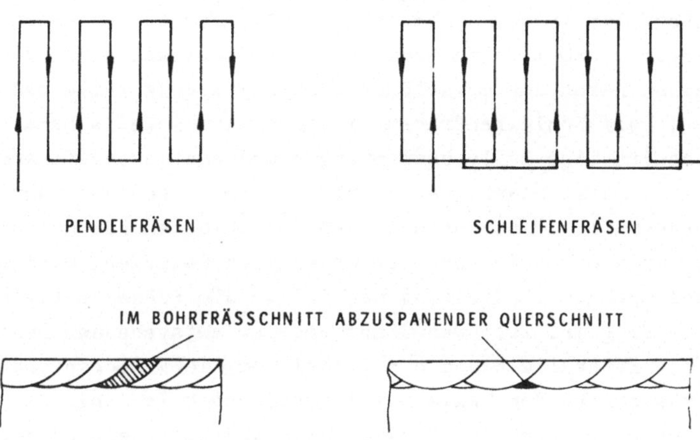

<u>Bild 6/2:</u> Pendelfräsen; Schleifenfräsen.

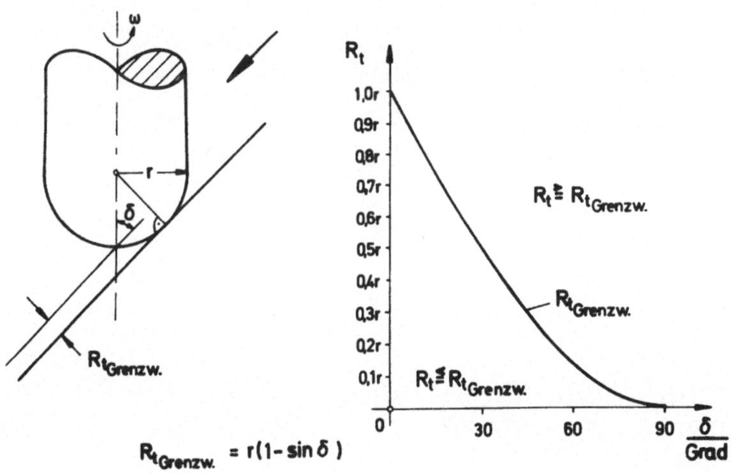

<u>Bild 6/3:</u> Rauheitsgrenzwert $R_{t\,Grenzw.}$ in Abhängigkeit von der
Steigung der Fräszeile.

fräsen ähnlichen Verfahren bearbeitet werden. Das entwickelte "Schleifenfräsen" (Bild 6/2) unterscheidet sich vom Pendelfräsen nur in der Reihenfolge der zu bearbeitenden Bahnen. Beim herkömmlichen Pendelfräsen wird jeweils die unmittelbar neben der ausgeführten Bahn liegende Zeile bearbeitet, beim Schleifenfräsen hingegen wird jeweils beim Ziehfrässchnitt eine Zeile übersprungen und erst anschließend im Bohrfrässchnitt bearbeitet. Durch das Vorziehen der Bahn im Ziehfrässchnitt erreicht man, daß die abzuspanende Materialmenge für den Bohrfrässchnitt wesentlich reduziert wird und bei entsprechender Steigung der Fläche die Fräserspitze nicht mehr im Eingriff ist. Der Grenzwert der entstehenden Rauheit zwischen Fräszeile n und $n + 2$, bei dem die Fräserspitze im Bohrfrässchnitt der Zeile $n + 1$ gerade noch im Eingriff ist, wird bestimmt durch den Fräserradius und die Steigung der Zeile. Den sich ergebenden Zusammenhang stellt Bild 6/3 dar.

6.2 Vorschlag verschiedener Methoden zur Fräsbahnberechnung

Die Auswertung der Untersuchungen unter Berücksichtigung aller
Gesichtspunkte ergibt, daß keine der Bedingungen allein entscheidend für die Art der Berechnung der Steuerinformationen sein kann.
Je nach Bearbeitungsaufgabe wird man dem einen oder anderen Gesichtspunkt mehr oder weniger Bedeutung beimessen müssen. Dies
bedeutet, daß mehrere Möglichkeiten zur Berechnung der Steuerinformationen zu entwickeln sind. Dabei sind zwei grundsätzlich
voneinander verschiedene Methoden möglich:

Methode 1: Die Berechnung der Werkzeugspitzenposition erfolgt
über die Bestimmung des Tangentialpunktes zwischen Fläche und
Werkzeug (Gl.5,8). Die Tangentialpunkte wiederum sind Punkte
charakteristischer Flächenkurven (z.B. einer Hauptkrümmungslinie) oder Punkte auf Kurven, die durch den Schnitt der zu
fertigenden Fläche mit einer anderen Fläche entstehen.

Methode 2: Wenn das Werkzeug auf seiner Bahn definierte
xy-Positionen einnehmen soll, so muß der Berührpunkt $TP(u,v)$
mit der Fläche ϕ in jedem Bahnpunkt bestimmt werden (vgl.
Kap.5.3.3.3). Über die Berechnung der Flächennormale in
Punkt $TP(u,v)$ kann dann mit Gl.5,8 wieder die noch fehlende
z-Position der Werkzeugspitze bestimmt werden.

Bewertung der Methoden

Methode 1:

Die Berechnung des Zeilenabstandes (vgl.Kap.5.2.1) sowie der
Verlauf der Fräszeilen nach den Gesichtspunkten konstante
Rauheit bzw. minimale Verfahrwege erfolgt sinnvollerweise mit
Methode 1. Je nach Bearbeitungsaufgabe, Zielsetzung und erwar-
tetem Ergebnis sind jedoch verschiedene Wege zur Berechnung der
Steuerdaten sinnvoll. Einen Weg der Klassifizierung und Zuordnung zu verschiedenen Verfahren zeigt Bild 6/4. Dabei wurde
versucht, die Zuordnung zu den einzelnen Verfahren nach wirt-
schaf:lichen Gesichtspunkten zu treffen.

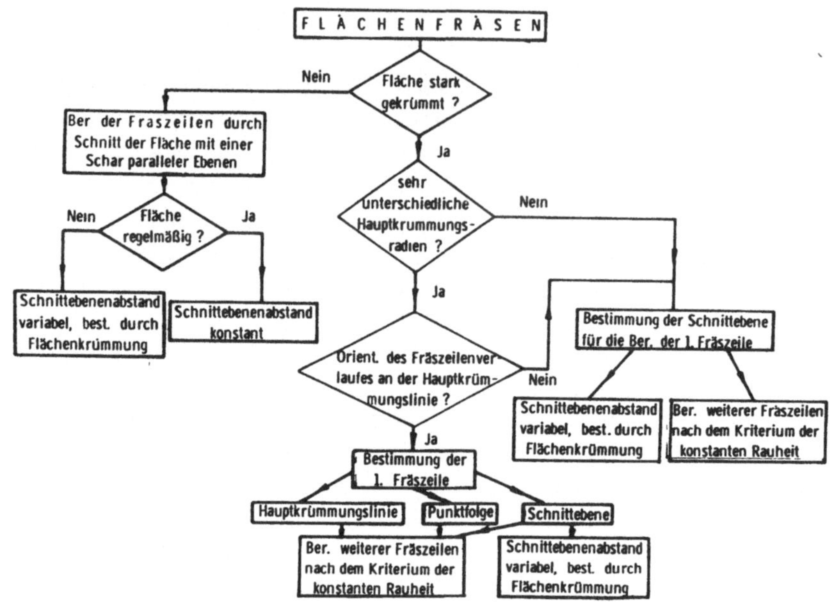

<u>Bild 6/4</u>: Flächenfräsen - Klassifizierung und Zuordnung zum
jeweilig günstigsten Fräsverfahren.

Methode 2:

Alle Verfahren der Methode 1, bei denen die Fläche mit einer
Ebene geschnitten werden, können prinzipiell auch mit Methode 2
gelöst werden. Das Fräsen entlang der Hauptkrümmungslinie sowie
das Fräsen mit konstanter Rauheit hingegen kann mit Methode 2
nicht sinnvoll durchgeführt werden.

Während die nach Methode 1 durchgeführte Bahnpunktberechnung
normalerweise immer eine in drei Achsen simultan gesteuerte
Maschine erfordert und der Werkzeugschaft bei konkaven Teilen
keinen definierten Umriß hinterläßt, können bei Methode 2 die
Fräsbahnen so gelegt werden, daß jeweils die Bahn der Werkzeugspitze bekannt ist. Man ist dadurch in der Lage, definierte

Umrisse zu erzeugen, wobei die Werkzeugspitzenkugel jeweils die
zu bearbeitende Fläche berührt. Steht zur Fräsbearbeitung nur
eine wahlweise in 2 Achsen bahngesteuerte Fräsmaschine zur Verfügung, so können zur Bearbeitung gekrümmter Flächen die Steuerinformationen so berechnet werden, daß jeweils entlang einer
Fräszeile eine Koordinate konstant ist.

Ein Programmsystem, das alle diese Variationen beinhaltet, wird
jedoch sehr umfangreich sein und nicht immer optimal arbeiten.
Es ist daher ein System zu konzipieren, das zum einen das Ge-
samtkonzept enthält und zum anderen in spezielle Funktionsprogramme (Module) unterteilbar ist.

6.3 Konzeption eines Programmsystems

Das entwickelte Konzept für ein Programmsystem umfaßt im wesent-
lichen fünf Funktionsprogramme. Drei der Module beruhen auf
Methode 1 der Fräsbahnberechnung, zwei auf Methode 2 (vgl.
Kap.6.2).

Aufbauend auf Methode 1:

   Modul 1: Die Fräszeile berechnet sich aus dem Schnitt einer
   vorgegebenen Schar paralleler Ebenen mit der Fläche. Die
   Ebenen haben untereinander gleichen Abstand.

   Modul 2: Wie Modul 1, nur daß der Abstand der Schnittebenen
   dem Flächenverlauf angepaßt wird. Die größte Krümmung zwischen zwei nebeneinander liegenden Fräszeilen bestimmt den
   Abstand der Schnittebenen.

   Modul 3: Der Fräszeilenabstand ist längs einer Fräszeile
   variabel und immer so groß, daß z.B. die maximal erlaubte
   Rauheit zwischen zwei Fräszeilen erzielt wird. Die Bestimmung der 1. Fräszeile kann nach beliebigen Gesichtspunkten
   durchgeführt werden (z.B. Hauptkrümmungslinie).

<u>**Aufbauend auf Methode 2:**</u>

<u>Modul 4:</u> Die Bahn der Werkzeugspitze in der xy-Ebene wird vorgegeben. Das bedeutet, das Werkzeug wird mit seiner Spitze entlang definierter Kurven geführt. Die Aufgabe der "PART SURFACE" (vgl.Kap.2.2.1.2) übernimmt die zu fertigende Fläche.

<u>Modul 5:</u> Eine Kombination von Modul 1 oder 2 mit Modul 4 und der Einschränkung, daß die Schnittebenen senkrecht auf der xy-Ebene stehen, parallel zu einer der Hauptebenen sind und die Werkzeugbahn beinhalten, ermöglicht die Bearbeitung beliebig gekrümmter Flächen auch auf Maschinen, die nur wahlweise in 2-Achsen simultan gesteuert werden können.

7. Programmtechnische Bestätigung der entwickelten Verfahren

Die in Kap.5 entwickelten Verfahren wurden, wie in der Aufgabenstellung gefordert, alle in FORTRAN programmiert und die erstell-
ten Programme auf einer EDVA ausgetestet. Dabei konnte die entwickelte Theorie bestätigt werden. Außerdem zeigte sich, daß die
Coonssche Flächenformel, bzw. die Beschreibung einer Fläche als
bikubisches Polynom und die sich daraus ergebende Darstellung
der Komponenten eines Flächenpunktes (Gl.3,6) für die Handhabung in einer EDVA sehr gut geeignet sind.

Die Vektordarstellung der Fläche ermöglicht die Entwicklung von
Funktionsunterprogrammen, die für die Behandlung aller kartesischen Koordinaten (x,y,z) zutreffen. So läßt sich z.B. der Wert
einer kartesischen Koordinate aus den Maschenkoeffizienten und
den Gaußschen Koordinaten (u,v) mit Gl.3,6 durch eine einfache
Summation berechnen. Man wird daher das Funktionsunterprogramm
zur Berechnung der kartesischen Koordinaten eines Flächenpunktes P (u,v) so konzipieren, daß nur die Koeffizienten A_{ij}, B_{ij}
oder C_{ij} sowie die Gaußschen Koordinaten u,v übergeben werden
müssen. Je nach Art der Koeffizienten wird das Programm dann
die x-, y- oder z-Koordinate des Punktes P berechnen.

Bezeichnet man das erforderliche Funktionsunterprogramm mit dem
Symbol BEKAKO (Berechnung Kartesischer Koordinaten) und übergibt
die erforderlichen Daten in der Parameterliste, so werden in
einem beliebigen Programm mit den Anweisungen

$$x = BEKAKO (A,u,v)$$

$$y = BEKAKO (B,u,v)$$

$$z = BEKAKO (C,u,v)$$

die kartesischen Koordinaten des Punktes P(u,v) berechnet und
den Symbolen x, y und z zugewiesen. A, B und C sind 2-dimensio-
nale Felder und enthalten die Koeffizienten A_{ij}, B_{ij} und C_{ij}
einer Masche.

Dieselbe einfache Handhabung der Flächengleichung zeigt sich bei der Bildung der Ableitungen. Soll z.B. $\frac{d\vec{r}}{du}$ gebildet werden, so erlaubt die Vektorrechnung, daß jede Komponente des Vektors $\vec{r}$ getrennt partiell differenziert wird. Da aber die Komponenten des Vektors vollkommen gleichartig aufgebaut sind, können mit einem Funktionsunterprogramm auf dieselbe Art und Weise wieder alle drei Komponenten differenziert werden. So benötigt man zur Berechnung von $\vec{r}_u$, $\vec{r}_{uu}$, $\vec{r}_v$, $\vec{r}_{vv}$ und $\vec{r}_{uv}$ nur fünf kleine Programme.

Es gilt

$$\frac{\partial \vec{r}}{\partial u} \qquad = \qquad \text{DIFF1U } (D,u,v)$$

$$\frac{\partial^2 \vec{r}}{\partial u^2} \qquad = \qquad \text{DIFF2U } (D,u,v)$$

$$\frac{\partial \vec{r}}{\partial v} \qquad = \qquad \text{DIFF1V } (D,u,v)$$

$$\frac{\partial^2 \vec{r}}{\partial v^2} \qquad = \qquad \text{DIFF2V } (D,u,v)$$

$$\frac{\partial^2 \vec{r}}{\partial u \partial v} \qquad = \qquad \text{DIFFUV } (D,u,v)$$

DIFF1U, DIFF2U, DIFF1V, DIFF2V und DIFFUV sind wieder frei wählbare Funktionsnamen, die nur den FORTRAN-Regeln genügen müssen. D ist ein 2-dimensionales Feld und entspricht A_{ij} oder B_{ij} oder C_{ij}.

Stellvertretend für alle diese Standardprogramme wird im folgenden das Programm zur Berechnung der gemischten Ableitung

$$\frac{\partial^2 \vec{r}}{\partial u \partial v} \qquad = \qquad \text{DIFFUV}(D,u,v)$$

erläutert.

Bildet man in Gl.3,6 für eine Komponente alle Glieder und differenziert dieselben nach u und anschließend nach v oder umgekehrt und fasst die einzelnen Glieder zusammen, so kann man zu ihrer Berechnung das Funktionsunterprogramm DIFFUV aufstellen:

```
      FUNCTION DIFFUV (D,U,V)

      DIMENSION D(4,4)

      DIFFUV = 0.
      DO 20 I=3,4
      DO 10 K=3,4
      DIFFUV = DIFFUV+D(I,K)*FLOAT(I-1)*U**(I-2)*FLOAT(K-1)*V**(K-2)
   10 CONTINUE
      DIFFUV = DIFFUV+D(I,2)*FLOAT(I-1)*U**(I-2)
      DIFFUV = DIFFUV+D(2,I)*FLOAT(I-1)*V**(I-2)
   20 CONTINUE
      DIFFUV = DIFFUV+D(2,2)
      RETURN
      END
```

8. Zusammenfassung

Der zunehmende Einsatz der EDVA, sowohl in der Arbeitsvorbereitung als auch in der Konstruktion, wirkt sich wesentlich auf die Methoden und den Ablauf der Fertigung aus. So wird heute im Automobil- und Flugzeugbau versucht, die Geometrie komplexer Formen numerisch zu erfassen und zur Handhabung innerhalb der EDVA aufzubereiten. Dies hat zur Folge, daß die kostspieligen und platzraubenden Holz- und Kopiermodelle als Geometriespeicher überflüssig werden,wenn es gelingt, die Fertigung dieser Teile ohne das seither übliche Nachformfräsen zu ermöglichen.

In dieser Arbeit wurden die Grundlagen für die Bearbeitung beliebig gekrümmter Flächen auf in 3 translatorischen Achsen simultan gesteuerten Fräsmaschinen ermittelt. Der Schwerpunkt lag bei der Diskussion der mathematischen Probleme der Flächendarstellung und ihrer Behandlung bei der Ermittlung der Steuerinformationen unter Berücksichtigung technologischer und wirtschaftlicher Fakten.

Zu Beginn wurden die möglichen Verfahren der Fertigungstechnik zur Herstellung gekrümmter Flächen gegeneinander abgegrenzt. Behandelt wurden insbesondere die spanenden und die abtragenden Fertigungsverfahren. Anschließend wurden die wichtigsten Programmiersprachen bezüglich ihrer Eignung zur Beschreibung gekrümmter Flächen untersucht. Es zeigte sich dabei, daß selbst Systeme mit umfangreichen geometrischen Möglichkeiten den gestellten Anforderungen nicht genügen.

Viele der in der Fertigungstechnik auftretenden Formen können jedoch mit einfachen Mitteln der analytischen Geometrie nicht beschrieben werden. Es wurden daher die Möglichkeiten der mathematischen Beschreibung derartiger Flächen untersucht und eine besonders geeignete Darstellungsweise ausgewählt, an Hand derer die Untersuchungen durchgeführt wurden. Die Darstellung beruht auf einem Interpolationsalgorithmus, dessen vektorielle Darstellung zur Berechnung auf einer EDVA gut geeignet ist.

Die Oberflächen gekrümmter Flächen entsprechen nach einer Fräsbearbeitung mit einem Kugelfräser keineswegs der geometrisch-
idealen Oberfläche. Ihre Abweichungen liegen in einer Größen-
ordnung, die von den DIN-Normen nicht eindeutig erfaßt sind und
außerdem nur sehr schlecht zu messen sind. Zur Berechnung der
erforderlichen Fräsbahnen muß jedoch die bei einer Bearbeitung
entstehende Abweichung von der geometrisch-idealen Fläche bestimmt werden. Es wird daher ein idealisiertes GI-System für die
Zwecke der Berechnung des Fräszeilenabstandes eingeführt.

Der Verlauf der Fräsbahnen ist nach geometrischen, technologischen und wirtschaftlichen Gesichtspunkten zu ermitteln. In einem weiteren Kapitel wurden daher zunächst diese Faktoren bestimmt und auf die Berechnung der Fräsbahnen übertragen. Anschließend wurden die mathematischen Möglichkeiten zur Realisie-
rung der gewonnenen Ergebnisse diskutiert und Verfahren zu ihrer
Lösung entwickelt. Das Gesamtproblem wurde unterteilt in die Berechnung des Fräszeilenabstandes und die Berechnung des Fräszei-
lenverlaufs.

Die Analyse der gewonnenen Ergebnisse führt unter Berücksichtigung der programmtechnischen Möglichkeiten und den Anforderungen
der Praxis zur Erkenntnis, daß eine alles umfassende Berechnung
der erforderlichen Fräszeilen zwar denkbar, z.Z. jedoch mit einem
wirtschaftlich vertretbaren Aufwand nicht durchführbar ist. Ab-
schließend wird ein Programmsystem entwickelt, das ausgehend von
einem modularen Konzept des optimal möglichen Systems in fünf
voneinander unabhängige Verfahren der Fräsbahnberechnung unterteilbar ist.

Berichte aus dem Institut für Steuerungstechnik der Werkzeugmaschinen und Fertigungseinrichtungen der Universität Stuttgart

---

Herausgegeben von Prof. Dr.-Ing. G. Stute

ISW 1

Numerische Bahnsteuerung

Beitrag zur Informationsverarbeitung und Lageregelung.

Von Dr.-Ing. **Dietmar Schmid,**
1972, 89 S. mit 44 Bildern

ISBN 3-540-05834-6, ISBN 0-387-05834-6

Kart.   DM 24.–

ISW 2

Fräsbearbeitung gekrümmter Flächen

Flächenbeschreibung, Programmierung und Fertigung

Von Dr.-Ing. **Horst Schwegler,**
1972, 111 S. mit 36 Bildern

ISBN 3-540-05835-4, ISBN 0-387-05835-4

Kart.   DM 24.–

ISW 3

Numerisch gesteuerte Mehrachsenfräsmaschinen

Fräsbahnabweichungen aufgrund der Kinematik und Interpolation.

Von Dr.-Ing. **Jörg Eisinger,**
1972, 90 S. mit 45 Bildern

ISBN 3-540-05836-2, ISBN 0-387-05836-2

Kart.   DM 24.–

In Vorbereitung:

**Rechnersteuerung von Fertigungseinrich-
tungen**

Von Dip.-Ing. **Rainer Nann,**
1972, ca. 130 S. mit ca. 45 Bildern

**Untersuchung einer stetigen zweiachsigen
Nachformeinrichtung**

Von Dipl.-Ing. **Gerhard Augsten,**
1972, ca. 120 S. mit ca. 60 Bildern

**Die Automatisierung der Fertigungsvor-
bereitung durch NC-Programmierung**

Von Dipl.-Ing. **Bernhard Karl,**
1972, 121 S. mit 44 Bildern

NC-Programmiersystem

Beitrag zur numerischen Verarbeitung
eines geometrischen Werkstückbeschrei-
bungssystems

Von Dipl.-Ing. **Helmut Eitel,**
1972, 120 S. mit 49 Bildern

Springer-Verlag
Berlin · Heidelberg · New York